雑穀博士ユーラシアを行く

阪本寧男 著

昭和堂

四国山村の風景

シコクビエの畑の前に立つ福井なつえさん（奈良県大塔村）

モチ性のタカキビの穂を持つおばあさん（高知県大川村）

なつえさんが種継ぎしている雑穀の穂（左からモロコシ、シコクビエ、ヒエ、シロアワ、クロアワ）

アワのシモカツギ群の穂
（高知県物部村）

シコクビエとランタンリルンの遠望。正面に見えるのはチベット・ヒマラヤの峰々（ネパール）

ネパール・ランタン谷の中腹の段々畑

センニンコクの穂とサトイモの葉を籠に入れ家路を急ぐ少女（ネパール）

独特の脱穀板を用いたコムギの脱穀風景（アフガニスタン）

草丈短く、分けつの多いアワ（アフガニスタン）

ワハン回廊入り口付近の風景。ヒンズークシ山脈の雪山を遠望する（アフガニスタン）

見渡すかぎりのシコクビエ畑に座り感慨無量の著者（インド・デカン高原）

モロコシの風選風景（インド・デカン高原）

シコクビエの移植（田植え風景、インド・デカン高原）

ハルチン村におけるコムギの風選風景（パキスタン・カラコラム山村）

スカルド郊外の山村におけるソバの風選風景（パキスタン・カラコラム山村）

インダス川源流域のアワ畑（パキスタン・カラコラム山村）

アワを収穫し籠に入れて持ち帰る人たち（パキスタン・カラコラム山村）

ザグロス山麓のカシ疎林帯（メソポタミア北部高地）

カシの疎林と野生コムギの群生（メソポタミア北部高地）

アララット山とクルド族の女性（トルコ東部）

イランのザグロス山麓の農村風景（メソポタミア北部高地）

ペロポネソス半島南部のタイゲトス山（ギリシャ南部）

タイゲトス山麓に生えるハイナルディア・ホルデアセア（ギリシャ南部）

ヴィラル・デ・ヴィルダス村全景（スペイン・アスツリアス地方）

スペイン・アスツリアス地方の山村

尼洋曲の美しい峡谷（チベット高原）

刈り取ったパンコムギの穂を乾燥中の麦畑（チベット高原）

雑穀博士ユーラシアを行く◆目次

目次

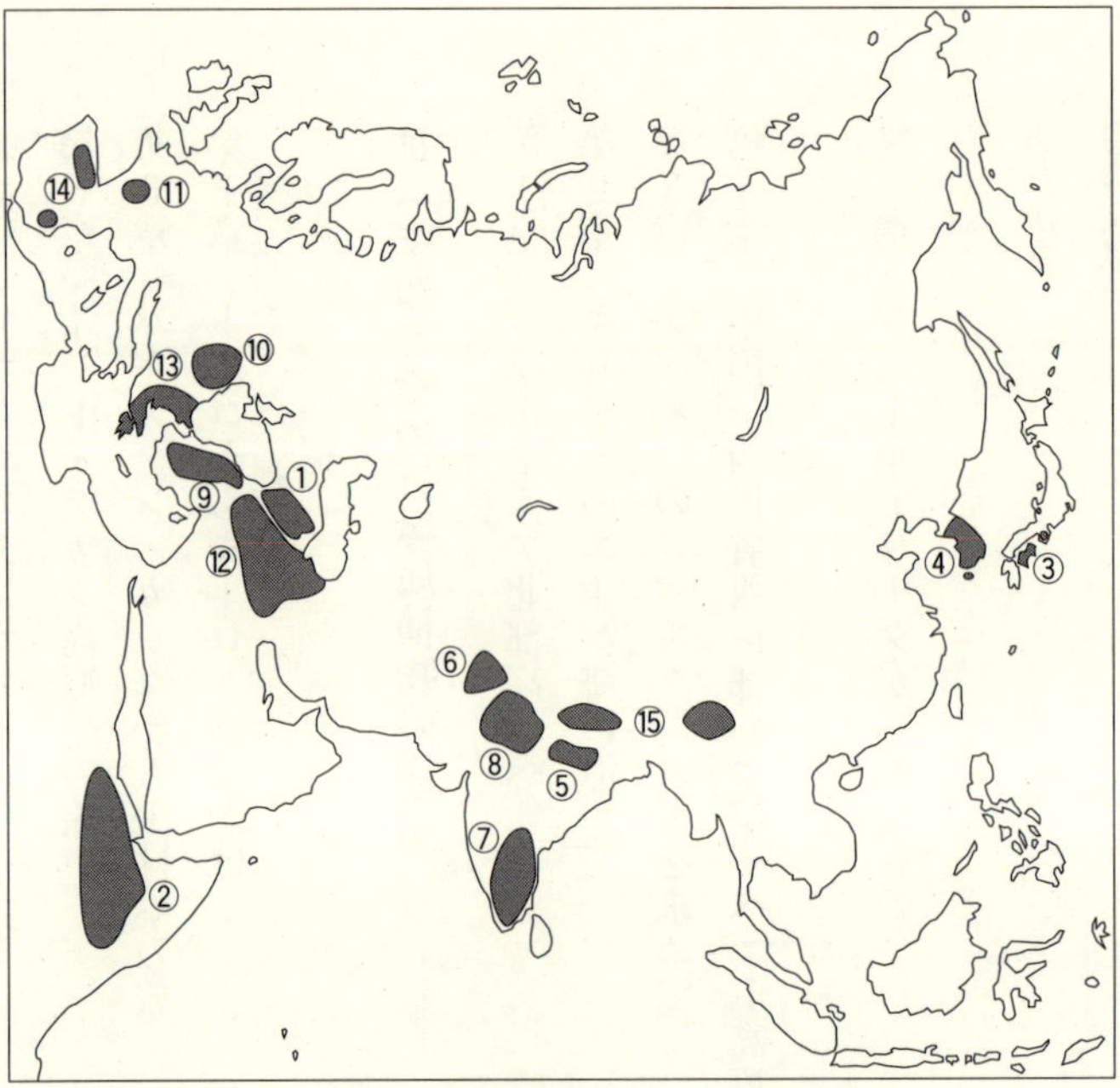

フィールドワークをした地域
（丸数字は本書で出てくる順番）

① トランス・コーカサス地方
② エチオピア高原
③ 日本の山村（四国・白山麓・紀伊山地）
④ 韓国の山村
⑤ ネパール・ヒマラヤ
⑥ アフガニスタン
⑦ インド・デカン高原
⑧ パキスタン・カラコラム山村
⑨ トルコ・アナトリア高原
⑩ ルーマニア・トランシルバニア地方
⑪ フランス・ロワール川流域
⑫ メソポタミア北部高地（イラク・トルコ・イラン）
⑬ ギリシャ
⑭ スペイン・アスツリアス地方
⑮ 中国・四川省西南部・チベット高原

未知の土地（terra incognita）に憧れて

京都・北山

子どものころ、父に連れられて京都・北山の花背へスキーに行ったことが、私にとって初めての未知の土地（terra incognita）への旅であった。出町柳から鞍馬までは京福電車で、花背旧峠下までバスで行き、そこから歩いて旧峠まで登った。峠の地蔵堂の傍らでひと休みしてスキーを履き、急な峠路を下ると、そこに、私が住んでいた京都・山科の景観とはまったく異なる真っ白な別世界が出現した。

分厚く雪が被さった茅葺きの農家のたたずまい、その軒下に連なった見事な氷柱と吊り下げた猪の赤い肉。スキー場には、雪沓を履き竹のスキーで遊ぶ村の子どもと、黒一色の大人のスキーヤーたち。ちょっと早めに切り上げて旧道を花背新峠まで登り、峠から新道のカーヴを楽しみながら鞍馬の駅までスキーで滑り下った。

terra incognita というラテン語をどんな経緯で人びとが好んで用いるようになったかについて、私にはよくわからないが、私がこの言葉に出会ったのは、中学五年（旧制）の英語の時間に習った、ワシントン・アーヴィング（Washington Irving）の『スケッチ・ブック（The Sketch Book）』（一八二〇年）の第一章「著者の身の上話（The Author's Account of Himself）」のなかであった。著者の子どものときからの異郷への憧れが私の生来の同じような願望につうじると直感したためか、いまでもその時のことはよく憶えている。

中学を卒業してから貴船で植物採集をはじめたが、キブネダイオウ、エビラフジ、タニジャコウソウ、峠の近くではオカトラノオ、ウツボグサ、ミヤコグサなど、私の生まれ育った東山界隈にはまったく見あたらなかった珍しい植物だったので、とても印象に残っている。

京都大学の学部時代の週末はよく北山を歩き、植物を眺めたり、採集したりして過ごした。山で日が暮れて、杉木立の星明りをたよりに、大原道、雲ヶ畑道をとぼとぼと歩いた、なつかしい想い出がある。私の先達役は、森本次男著『京都北山と丹波高原』（一九三六年）である。その自序に北山を、「其處には氷雪の嶺もなければ、雲を越ゆる頂もない。あるものは深い緑の森林と美しき渓谷、そこはかとなき小徑と古くなつかしき峠、素朴な山棲人と緑の波に漂う小島の如くも侘しき山村である」と述べている。

戦後、京都大学は「探検大学」という異名を得た。千年の古都に、どうして遥かな未知の世界を求める旅への憧れがあったのであろうか。偶然のきっかけで私もまた京大隊に加わり、本書に述べるように、アフリカ、ヨーロッパ、中近東、インド亜大陸、東アジアなど、いままでに十数回の植物調査に従事した。

私をこんなにもひたむきにさせたのは、いったい何であったのだろうか。うまく表現できないが、「そこに北山があるからだ」と私は信じている。北山は一〇〇〇メートルに満たない準平原の山なみである。しかし小さな峠を越えると、そこには私をひきつけてやまない別の世界があったのだ。

植物に興味をもつ

私は京都・東山の里山のひとつの頂近くの一軒家に生まれ、そこで育ったので、子どものときから山に生えるいろいろな植物に接する機会があった。燃料としてアカマツの枯れ木・枯れ枝・落ち葉を集めたり、とくに季節ごとにイワナシ、カクミノスノキ、ナツハゼ、シャシャンボ、クサイチゴなどの木の実を食べたり、クリやマツタケを採ったりしたが、それらはあくまで山での生活や遊びの相手としてであったにすぎない。

中学二年(一九四四年)になると、太平洋戦争は激しさを増し、われわれ学生に農家動員が発令された。農家の若者や男たちは戦争に駆り出され、農村は人手不足になったのである。学校が京都・伏見にあったので、動員地域は宇治川の南に位置する槇島村だった。学校には行かず、京阪電車の伏見桃山駅で下車し、宇治川に架かった観月橋を渡って目川という集落に集合した。田植え、草取り、稲刈り、脱穀と季節ごとに農家の仕事を手伝った。

田植えがすんで草取りの季節になった。この作業は炎天下、水を張った泥田のなかを這いずり回るきつい仕事であった。抜き取った草が手一杯になると、泥田の土にそれを押し込んだ。田圃にはいろいろな雑草が生えていた。ある農家のオバハンが茎にトゲトゲがいっぱい付いている雑草を取り上げて、「学生ハン、この草の名前知ったはるか」と私に聞いた。「これママコノシリヌグイというねん」、そしてその名前の由来を教えてくれたが、継子はそれほど憎いということをうまく表現しており、とてもおもしろかった。私が最初に覚えた植物はタデ科のこの植物だった。これがきっかけで私は植物の名前を覚えることに興味を抱いたようだ。

しかし、いつごろから植物の名前を積極的に覚えることをはじめたかは、はっきりしない。戦後、『学生版・牧野日本植物図鑑』（一九四九年四月一〇日初版発行、頒布番号第八一五八号）が出版されたとき、これを購入し、いまも愛用していることから考えると、旧制専門学校二年の春ということになる。

毎朝、家から山を下り、東山の渋谷道越えを歩いて通学していたが、そこには四季折々さまざまな植物が道端に生えていた。それらを採集し、新聞紙をかえながら標本を乾燥させ、図鑑を見て熱心に調べ出したのは、大学へ通うようになってからである。東山には史跡や歴史的建造物が多いので、そのため自然景観がよく保存されてきたためか、植物の種が多く、渋谷道から清水寺へ出たり、峠の花山トンネルの脇から稚児池を経て円山公園または将軍塚を経て蹴上に出たりして、コースをかえて植物を採集し、標本をつくり、名前を調べるという習慣が身についた。

学部一回生の夏（一九五〇年）、従弟に誘われて立山連峰を縦走した。富山から称名ノ滝を経て室堂にたどりつき、まず剣岳に登った。その頂上から、剣御前、立山、五色ヶ原、薬師岳、太郎兵衛平、黒部五郎岳、三俣蓮華岳を経て、五日半で槍ヶ岳の頂上に立った。それまで想像もしなかった雪渓をともなった雄大な峰々を眺め、さまざまな美しい高山植物に接することができた（植物採集は、とくにリーダーから厳禁されていた）。ほとんど無人境に近い岩山の尾根道を、地下足袋でいくら歩いても私の足は大丈夫という自信を得た。

さらに前に述べたように、京都・北山や比良連峰に登ったり、夏休みには友人と尾瀬沼・尾瀬ヶ原や南アルプス・赤石山系へ採集に出かけた。当時は所轄の営林署に申請し正式の許可をもらうと、一種につき一個体を採集できたので、かなりまとまった高山植物の標本をつくることができた。

このようなことで、あまり意識しないで自然に植物に親しみ、さらに植物の勉強に精を出すようになったのである。

やっと巡り合った海外調査

大学で植物遺伝学を専攻した私は一九五四年三月卒業し、しばらく大学院に籍をおいたが、事情があって静岡県三島市にある国立遺伝学研究所に就職した。この近くには、富士・箱根・伊豆・愛鷹の火山性の山々があり、植物相の豊かな地域で、歩いてみると関西の山々とはまた異なり、とてもおもしろかった。

私はかねてから植物の遺伝と生態を結びつける仕事をしたいと思っていた。私の所属した研究室は、大学の指導教官で、コムギの研究で知られた木原均博士（所長兼任）が上司であり、いまとちがって当時は徒弟制度の最後の時代であったので、私はコムギの仕事を手伝うことで多くの時間を費やした。幸いなことに、日本にはコムギに近縁のカモジグサ属（五種）、エゾムギ属（四種）およびアズマガヤ属（二種）植物が自生しており、これらを使えば身近で植物の遺伝と生態を結びつける仕事ができると判断した。

研究所周辺の箱根山麓に広がる山間の谷間の一毛作水田には休閑田雑草として、風変わりなカモジグサの生態型と思われた植物が群生し、しばしば、別種のミズタカモジグサと混生し雑種形成が起こっていた。また、カモジグサとアオカモジグサの自然雑種があちこちに頻繁に見出されたので、自分の余暇の時間と週末はこれらを観察することに費やした。

そのうち、ひょんなことから、一九五九年九月から一九六二年二月までミネソタ州立大学園芸学部の研究員として渡米することになった。それまでまったく関心のなかったキイチゴ類、リンゴ、スモモ、アンズ、ブドウ、オランダイチゴの育種事業に携わり、北アメリカ中部の草原と落葉樹林と針葉樹林が相接する自然植生にも親しむ機会を得た。

さらに帰国直後、思いがけない経緯によって、これもまったく馴染みのなかった野生のイネ属植物の系統保存のために、フィリピンにある国際稲研究所（ＩＲＲＩ）に六ヶ月滞在することになり、その間にルソン島北部山岳地帯の棚田や、熱帯の森や畑の植物を観察する機会ができた。

しかし、右に述べたことは、国内や海外における本格的なフィールドワークといえるものではなかった。そのチャンスが最初に訪れたのは、一九六六年のトランス・コーカサス地方における植物調査に参加することであった。

なぜフィールドワークなのか

私がフィールドワークをはじめたころ、理論的な研究で名を成していたある先輩に「阪本君、君は足で仕事をやっているけどね、僕は頭で研究しているんだよ」と言われたことがある。

そのとき「やっぱりな」と思ったが、よく考えてみると、そのころは栽培されているイネやムギ類などと大きく異なり、アワ・キビなどの雑穀のコレクションやムギ類に近いさまざまな近縁属植物は、国内の研究機関にはほとんどなく、仕事をしようとすれば、何はともあれ自分の足で歩いて研究材料を収集することから、はじめなければならなかった。先輩の言はまさに当を得ていたといえるわけで、足でどこまで仕事がやれるか、いっぺんやってみようと決心した。

また、なぜフィールドワークに出かけるのか、とよく人に聞かれる。表向きには、自分の専攻する①植物の系統分化と地理的分布、②栽培植物の起源・変異・伝播、③植物と人とのかかわりあいを探る民族植物学の諸問題を研究するのに必要欠くべからざる活動、と答えている。

フィールドワークといっても地理的探検の必要な地域はほとんど残っていないが、たとえば植物探検となると、まだ未知の地域は多いし、解決された問題はごくわずかにしかすぎないように思われる。

私がいままでに訪れた地域は、およそ観光客には無縁の地である。しかも、町には用事のある以外はほとんど留まらない。終始、いわゆる田舎をドサ廻りするような旅である。

私の仕事の対象は植物であるが、自分の目で観る→聞き込む→集める→調べる→わかる→さらに観る→というパターンの繰り返しの連続過程で研究が進展してゆくが、その過程でフィールドワークは必須の作業なのである。

植物のなかでも、私が研究対象として調べてきた植物群は、つぎの三群にまとめることができる。

①イネ科穀類とその祖先野生型植物、②ムギ類と同じグループに属するさまざまな野生のコムギ連植物（tribe Triticeae）で、結果的にみると、イネ科穀類約三五種のうち、イネ二種、エンバク三種、トウモロコシを除くほとんどすべての種で、（一）すべての雑穀、（二）コムギ・オオムギ・ライムギ、ならびに③それらの畑に随伴する雑草である。

また、栽培穀類は、人が生きてゆくうえで、もっとも重要なエネルギー源となる炭水化物（でんぷん）を供給する植物であり、その点でもっとも大切な文化財と考えられる。そこで「種子から胃袋まで」という調査範囲を広くとり、これらの穀類をベースにした食文化についても、できるかぎり調べた。

このようなフィールドワークを海外でおこなったものを数えると、一九六六年以来、一七回に達する。本書では、それらの旅のなかで私が見たこと、聞いたこと、経験したこと、集めたこと、調べたことなどを、できるだけ平易に綴ることで、とくにフィールドワークを志す若い世代の人びとに何らかの参考になれば、とても幸いと考えている。

I

私のフィールドワーク事始め

第1章

トランス・コーカサス地方植物採集の旅

旅の目的

世界の重要な穀類のうちで、コムギはその栽培の歴史がもっとも古いもののひとつである。コムギがドメスティケート（栽培化）されたのは、地中海東岸のレバント地方、トルコ東部、トランス・コーカサス、イラン西北部、イラキ・クルディスタンを含む地域と考えられてきた。そのなかでも、トランス・コーカサス地方は七種の野生および栽培コムギの固有種や、それにきわめて近縁のエギロプス属（*Aegilops*）植物の多くの種の分布が知られているもっとも重要な地域のひとつである。また、コムギにのみならず、オオムギ、ライムギ、リンゴ、スモモ、ブドウなどの栽培植物の起源に主要な役割を果たした地域でもある。

しかし、いままでいろいろな事情でこの地方を調査する機会を得ることはできなかった。幸いなこ

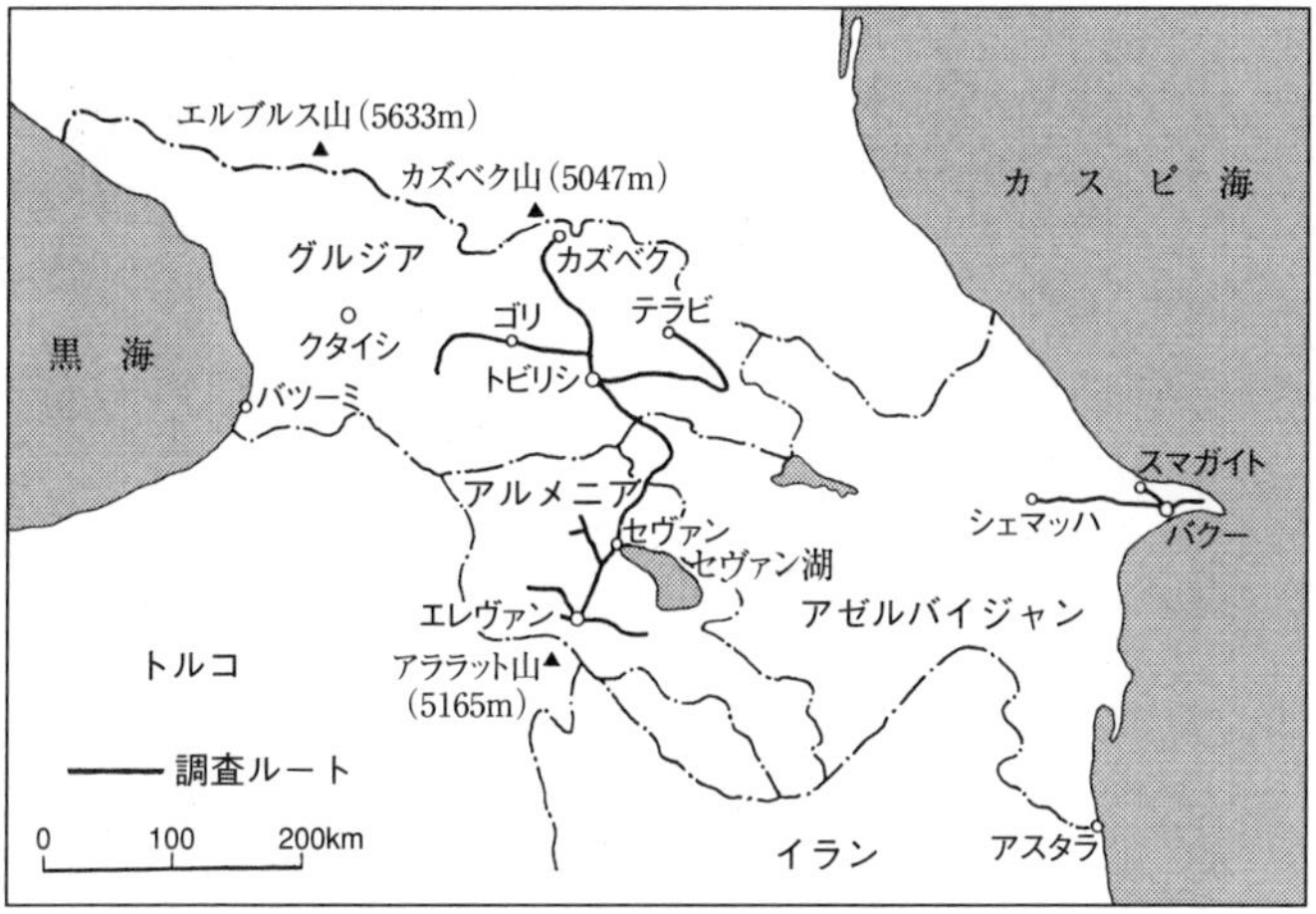

図1　京都大学コーカサス植物調査隊調査ルート

（阪本、1967）

とに一九六六年、京都大学コーカサス地方植物調査隊（隊長・山下孝介教授）によって、待望のコーカサス行が実現し、私はその隊員のひとりに選ばれた。

出発前からソ連のコムギ学者と共同調査をおこなうための働きかけを時間をかけておこなったが、まったく、なしのつぶてであった。当時、この地方を外国人が旅するには、アゼルバイジャンの首都バクーに三日、アルメニアの首都エレヴァンに一五日、グルジアの首都トビリシに一五日という、首都にのみ限られた日数滞在できるという厳しい制限があった。このような状況のもとで、いかにして旅の目的を達成するかが最大の課題であった。

ムギ類の収穫期のことを考慮すると、ソ連のインチューリストが介在する観光旅行というスタイルで旅をするしかなかった。ソ連国内では、旅の手配はすべてインチューリスト国内旅行社によって、経路、ホテル、その他一切が決められており、各都市では英語を話す専門のガイドがついた。七月九日夜、羽田を発ちコペンハーゲン、レニングラード、モスクワを経由して、一二日にバクーに到着し、ここを振り出しに八月九日まで約一ヶ月の旅をした（図1参照）。

バクー郊外で採集開始

七月一二日夕、モスクワのヴスコヴオ空港発の飛行機で夜半バクーに着いた。ここはカスピ海に望む石油の町で、朝早くから町行く人びとの面影にも活気が溢れていた。

翌日の午後、車をやとって三〇キロ北方のスマガイトまで、カスピ海に沿ってライムギやオオムギ畑を調査しつつ北上した。スマガイトの海岸灌木林でパンコムギの一祖先種であるタルホコムギ（*Aegilops squarrosa*）を発見し、この旅最初の興奮を覚えた。これは、イランのカスピ海沿いのこの種の分布に繋がるものとして、重要な採集であった。その夜は丘の上のレストランで、コーカサス入りを祝ってウオッカで乾杯し、カスピ海に映えるバクーの夜景を心ゆくまで楽しんだ。

七月一四日、バクーの西方二〇〇キロのシェマッハまでバスで採集行を試みた。ガイドの目をごまかし早朝出発したが、ホテルを一歩出ると、まるで言葉が通じない。約一時間かかって、ようやく郊外のバスターミナルにたどりついたが、大勢の土地の人が切符売り場に群がっていて、手の下しようがない。ちょうどそのとき偶然ドイツ語を話せるカップルに出会い、事情を話して裏口から切符を手に入れてもらい、なんとかバスに乗り込むことができた。

郊外に出るとバスは広い乾燥平原を西へひた走った。気温は早くも四〇度に近い。満員のおんぼろバスは喘ぎながら峠を三つ越える。峠付近の谷間にコムギ畑が展開するが、採集する術もなく涙をのむ。一一時ごろシェマッハに着く。乾燥した丘の上の標高八〇〇メートルのこの小さな村から、広々としたブドウ畑と乾ききった放牧地のコントラストを望むことができた。

ブドウ畑の周辺を丹念に歩き回って、タルホコムギやその仲間、カモジグサ属植物、野生ライムギなどを多数採集した。栽培オオムギの祖先種の野生二条オオムギ（*Hordeum spontaneum*）の群生する場所は、ブドウ畑のなかでかなりの集団がみられ、また路傍で野生多年生オオムギの *Hr. bulbosum* も手に入れた。栽培コムギやオオムギも集めたが、コムギ近縁の種は野生よりもむしろ雑草といわれるもので、畑のなかやその周辺に栽培植物と近接して生えているものが多いことを、はっきりと知ることができた。

シェマッハでは言葉がまったく通じない。はたしてバクーへ帰るバスがいつ来るのか。翌朝早くアルメニアのエレヴァンに発たねばならない。その心配をよそに夕方ちゃんとバスが来た。そのおかげで、たった一日の、しかも初めての海外調査で、言葉なんかわからなくても何とかなるという糞度胸ができた。この経験が、その後の度重なる海外調査に私を駆り立てることになろうとは、そのとき夢にも思わなかった。

エレヴァンにて

エレヴァンではホテル・アルメニアに投宿する。このホテルは町の中心部にあたるレーニン広場に面している。ここにある建物はすべてアラガッツ火山からとれる凝灰岩でつくられ自然のモザイクが美しいパターンを演出している。

エレヴァンはアルメニア共和国の首都で、標高九六〇メートル、人口約六〇万の町で、この町の名はいまから二八〇〇年前にすでに記録が残っているという。われわれはここを根城に一四日間の採集活動に入った。

翌朝午前六時、無数に飛び交うツバメの鳴き声で目を覚ます。ホテルの窓から霊峰アララット山(五一六五メートル)の姿を望むことができた。アゼルバイジャン科学アカデミーのコムギ専門家、ムスタフェヴ博士(I. D. Mustafaev)がわざわざ駆けつけてきてくれた。出発前よりコーカサスのコムギについて情報を提供してくれた、立派な鬚を蓄えた愉快な人だ。

博士の案内でエレヴァンの西三〇キロメートルにあるエチミアジン寺院を訪ねた。この古めかしい寺院は全アルメニア・キリスト教会の大本山で、寺院の礎石は四世紀に造られたという。いまなお生きている教会で、お祈りの人びとで賑わっていた。赤いろうそくの灯がともり、老いた僧侶が一隅にたたずみ、腰の曲がった老婆がお祈りの言葉を口ずさみながら、正面の十字架に敬虔な口づけをしている。天井のドームは極彩色に彩られ、わずかな陽の光が豪華なシャンデリアに映えていた。一瞬、タイム・マシーンに乗って何世紀も昔に還った実感を味わう。

帰途ズヴァルツノツ寺院の遺跡を見学した。この寺院は七世紀に建立されたが、いまは遺跡として保存されている。その礎石にはブドウの房と葉やザクロの模様が刻まれていて、アルメニアのブドウ栽培の古さを物語っている。昼食はアルメニアのコニャックや葡萄酒に舌つづみを打ち、羊の肉のケバーブがうまかった。「ラバッシュ」という独特のうすいパンでこの肉を包んで食べるのである。

セヴァン湖へ

ムスタフェヴ博士の案内で、エレヴァンの東北方七〇キロのセヴァン湖に出かける。町をはずれると次第にコーカサスの高原風景が展開し、見事に色づいたコムギ畑が続き、採集に熱中した。標高一六〇〇メートルまで登るとコムギ畑は緑色に変わった。九月に収穫されるという春播コムギ地帯に入ったのだ。

セヴァン湖に突き出た半島には、岸辺に沿って赤いヒナゲシが点在するお花畑が一面に広がり、そこに九世紀に造られた古い教会があった。狭い教会の石壁一面に赤いろうそくが煙り、大勢の人びとが礼拝していた。外に出ると、まぶしい光の下で男の子が生けにえのニワトリを殺し、その血を自分の額に塗っていた。生けにえの風習がこんな所に残っている。古めかしい信仰の素朴な姿を見る思いだった。あちこちにニワトリの黒い血痕が教会の礎石に滲んでいた。

翌朝は女性ガイドを「洗脳」するために、アルメニア科学アカデミーを訪問した。そこでコムギ学者に会い、彼女の通訳で栽培コムギの起源やコーカサス固有のコムギについてホットな議論を交えた。これで彼女は、われわれが外国から来た単なる観光客ではなく、学問のためにはるばるやってきたことを納得した。

そして翌日からはふつうの観光ルートから外れた場所へ積極的に案内するようになった。そして遂には、旅行規定では空路移動となっていたエレヴァンからグルジア共和国のトビリシへの道を、途中の植生や山村を見ることができるように、車での旅を特別に用意してくれた。

アルメニア高原の野生コムギ

七月一八日、エレヴァンの東北方四〇キロのガルニをめざしてエクスカーションに出かけた。この

アルメニア高原のコムギ畑の調査

あたりは乾燥した典型的な高原で、あちこちに小さな村とコムギ畑が点在し、道は何べんとなく峠を越えた。

突然、路傍に野生コムギを発見。ただちに車を停めて飛び出す。緩やかな斜面にコムギに近縁のエギロプス属植物が群生し、そのなかに野生一粒系コムギ（*Triticum boeoticum*）と野生のアルメニアコムギ（*Tr. araraticum*）が混生していた。震える手でアルメニアコムギの穂を採集した。この野生種はコーカサス特産で、これからのコムギの起源研究に大切な材料を得たわけである。興奮のうちに変異の調査と採集を続けた。

ここはエレヴァンから三〇キロの地点で、ガルニの村が遠くに見えた。その向こうには、さらに乾燥した山なみの緩やかな起伏が空を劃していた。また、はるか南の空高く雪をいただく大アララット山を遠望できた。

ガルニには古いパガン寺院があったが、いまは遺跡として保存され、ここにもブドウやザクロが壊れた礎石に刻まれていた。その傍にクワの大木があり、土地の人がわれわれのためにクワの実を落としてくれた。その実は白く、種子なしで蜜のように甘いものだった。

さらに八キロ車を駆って峡谷に入り、聳え立つ岩山をくりぬいて造られたゲガルド教会を訪れた。薄暗い内部の天然の聖水盤に小銭を投げて旅の幸運を祈った。ここでも石畳には生けにえの血が黒くにじんでいて、草むらにはニワトリの頭が落ちていた。道端の野生のバラにはいろいろな布切れが結び付けられていたが、やはり幸運を祈るためのものであろう。

野生一粒系コムギの自生

野生のアルメニアコムギ

晩はアルメニアコムギの採集を祝ってコニャックで乾杯し、酔いが回ったところでレーニン広場へ出て夕涼みを楽しんだ。数日後、再び野生コムギ集団の調査に出かけ、ホテルに帰って靴のなかやズボンの裾を見ると、つぎのような種々の植物が見つかった。これを見ても野生コムギ生育場所の植生がよくわかる。

Aegilops cylindrica	一八小穂	野生ライムギ	二小穂
Ae. triuncialis	二四穂	野生オオムギ	二小穂
野生一粒系コムギ	四七小穂	スズメノチャヒキ属	二小穂
アルメニアコムギ	二小穂	その他の種子	一一粒

トビリシに向かう

七月二八日午前六時、エレヴァンを発って車でトビリシに向かう。セヴァン湖畔を過ぎ、二一〇〇メートルの峠を越え峡谷に下る。このあたりはカシやマツ類が見事な森林をつくり、コーカサスの谷間にふさわしい風景を満喫した。谷を下るとトウモロコシやタバコ畑が続いたが、やがて再び乾燥地帯に入った。一木一草もない小山に昔の面影を残す望楼がひっそりと立っていた。

半砂漠のような原野で小休止したが、そこでタルホコムギを見出した。これはアゼルバイジャンの集団に連なるもので、貴重な採集だった。

グルジアの首都トビリシには一二時過ぎに着いた。この町はクーラ川に沿った人口八五万の美しい古都である。石畳の坂道、プラタナスの心地よい日陰、よく保存された教会、ヨーロッパ風の家並みが静かな佇まいを見せ、四世紀から栄えたこの町の古い歴史を物語っていた。トロリーバス、バス、地下鉄で町の隅々まで気楽に行ける。われわれ一行はホテル・インチューリストに泊まることになった。

コーカサス山脈越え

八月一日、トビリシからコーカサス山脈越えの有名なグルジア軍道を、カズベクまで採集行を試みた。

クーラ川に沿い古都ムツヘータまで遡る。そこからトウモロコシとブドウ畑の続くアラグワ川のかなり広い川床を行く。昔を偲ぶ城砦や望楼があり、かって異民族の軍隊がここを押し進んだという話を聞き感慨無量であった。

パサナウリの瀟洒なレストランで朝食を摂った。ここは黒アラグワ川と白アラグワ川の合流点である。両岸に落葉樹林と放牧地が交錯し、色づいたコムギ畑と五、六軒の農家からなる小さな村がしがみつくように点在していた。ヒツジの群れの足跡が斜面に鮮やかな皺をつくっている。急な坂道を二三九五メートルの峠まで登りつめると、眼前に万年雪を頂くカズベク山（五〇四七メートル）の前衛の山々が現れ、その間にアラグワ川の源流が吸い込まれそうに消えていた。峠付近にはバイケイソウの群落、白いオドリコソウ、青いオオハリソウの花が咲き乱れ、おびただしいヒツジの群れが点々と緑の斜面を緩やかに移動していた。

遥けくもカフカズの花訪ねきし　吾に手を振る峠の乙女（加茂　治）

雪崩避けのトンネルの多い道を一気に下ってカズベク村に到着。カズベク山は雲に隠れて見えない。あたりは峨々たる岩山が天に屹立し、カズベク族の住むこの山村は静かな佇まいを見せていた。再び道を返してトビリシに帰着したが、その日の行程は五〇〇キロにも及んだ。

テラビとバクリアニ採集行

八月三日、トビリシの東北一七〇キロのテラビに向かう。通りすぎる村には道に沿って水汲み場があり、女や子どもたちが素焼きの壺を肩に支えて水を運ぶ牧歌的な光景が見られた。はるかに霞んだコーカサス山脈を望むこの地方は、豊かな農村地帯で、スイカや野菜畑が多く、トビリシに向かうス

ペルシャコムギの畑

イカを満載したトラックとひんぱんにすれちがった。テラビ郊外の落葉樹林に入ると、野生のリンゴ、スモモ、ハシバミ、キイチゴが多い。林の下生えにはミズタマソウ、オトギリソウ、ヤマカモジグサなどが目に留まった。

バクリアニにはグルジアのもっとも豊かなフロラが見られるということで、八月五日そこへ植物採集を試みた。クーラ川に沿って西に進む。この流域は肥沃な農地がつづき、広いブドウ畑、リンゴ園、サトウダイコンやトウモロコシ畑が多い。コムギ畑で車を停めて採集。

途中、スターリンの生地ゴリで朝食を摂る。美しい博物館の傍に彼の生家が昔のまま保存され、訪れる人も多い。もうどこの町にも見られないスターリンの大きな像が、町の真ん中に堂々と立っていた。

炭酸水の製造で有名なボリジョミで川を渡ると、バクリアニの渓谷に入る。この付近の森林に囲まれた山間の畑で、コーカサス特産のペルシャコムギ（*Tr. carthlicum*）の純粋な畑を見つけた。われわれの採集目的のひとつは、このコムギを採集することであった。このコムギはコーカサス地方に広く栽培されているとのことであったが、いまはもう、このような山間部にのみ純粋な畑が存在するのであろうか。

バクリアニは標高一五〇〇メートルのすばらしい針葉樹林に囲まれた避暑地である。水の豊富な渓流に沿ってお花畑が続き、黄色のマメ科植物、ゴマノハグサ科植物、赤いナデシコ、青いツリガネニンジンやアオイの仲間が際立って美しく、草叢に矮性のリンドウが一面に咲いていた。

トビリシのスイカ市

トビリシの町を一歩出ると、周囲は非常な乾燥地帯である。町の西北の高地に登ると、一五分も歩くと、たちまち喉がカラカラになり、「これがコーカサスだ」と独りごちようとしても声にならない。野生のキイチゴの実を食べて喉の渇きを和らげ、ただ黙々と草原を歩き、タルホコムギの大群落を調べた。この種がコムギ畑にかなり混生していることを確かめた。

採集から帰ると町の市場に出かけたが、ここは見事なスイカの山また山、濃緑色のものから白っぽいものまで色とりどりで、縞の模様も種々雑多である。お客が気に入ったスイカを選ぶと、売り手は

グルジアのコムギ研究の碩学、メナブデ博士（中央）と山下幸介隊長（左）

やにわに鋭利なナイフで果肉の三角錐を手早くえぐり取り、高々と見せびらかして熟し具合を自慢し、それをもとに戻す。ここでは日本のようにスイカの買い損ないはないわけだ。

採集活動の合間に、グルジアのコムギ研究の碩学、科学アカデミーのメナブデ博士（V. L. Menabde）を訪問した。博士はこの国特産のマッハコムギ（*Tr. macha*）の命名者である。

「この種はいろいろな野生形質をもつ六倍性コムギで、おそらく有史以前から栽培された、もっとも原始的な半野生型コムギの現存種である。この種は穂が折れやすく、『シュナクビ』という道具（二本の長い菜箸のようなもの）で折り取るように収穫される」と、博士はもの静かな口調で説明された。そしてこの国特産のコムギの穂やシュナクビをお土産にいただいた。

八月八日はトビリシ滞在の最後の日で、トランス・コーカサスの旅も終わろうとしていた。明日は早朝キエフに向けて飛ばねばならない。町の大パノラマを一望のうちに収めるムタツミンダ山上のレストランで、シャンペンを抜き、コーカサス一九六六年に別れを告げた。美味しいヒツジのシャシリーク料理を楽しみ、夜更けて山を下った。石畳の坂道にコオロギが妙なる楽の音を奏で、コーカサスの秋を知らせていた。

第2章

エチオピア高原へ 栽培植物採集の旅

旅の目的

アフリカの地図を広げると、サハラの大砂漠がまず目に飛び込んでくる。この砂漠やその周辺には、どんな自然があり、どんな歴史がくりひろげられ、どんな農業がおこなわれ、どんな人が住み、どんな生活が営まれているのだろうか。それらを探る目的で、一九六七年一二月から翌年三月にかけて、京都大学大サハラ学術探検隊（隊長：山下孝介教授）が派遣された。

この隊は植物班、農耕文化班、美術考古班、言語班、人類班、医学班よりなり、写真報道関係の隊員も含めて総勢二六人という大部隊である。しかし、各班は学術上の目的によって、ある班はサハラを北から南へ、さらに西から東へと車で踏査し、また別の班は、ある地方の村に定着して調査をおこない、さらに他の班は、ある特定の地域を重点的に調べるといった具合に、広範で多彩な活動をおこなった。

私はこの探検隊の植物班の一隊員として、エチオピア高原（アビシニア高原）の栽培植物の調査と収集に従事した。

エチオピアは一九二六～二七年、ソ連のヴァヴィロフ博士（N. I. Vavilov）による植物調査によって、初めて世界の栽培植物起源センターのひとつとして注目されるようになった。この地域の植物学的特徴は、つぎの三点に要約される。

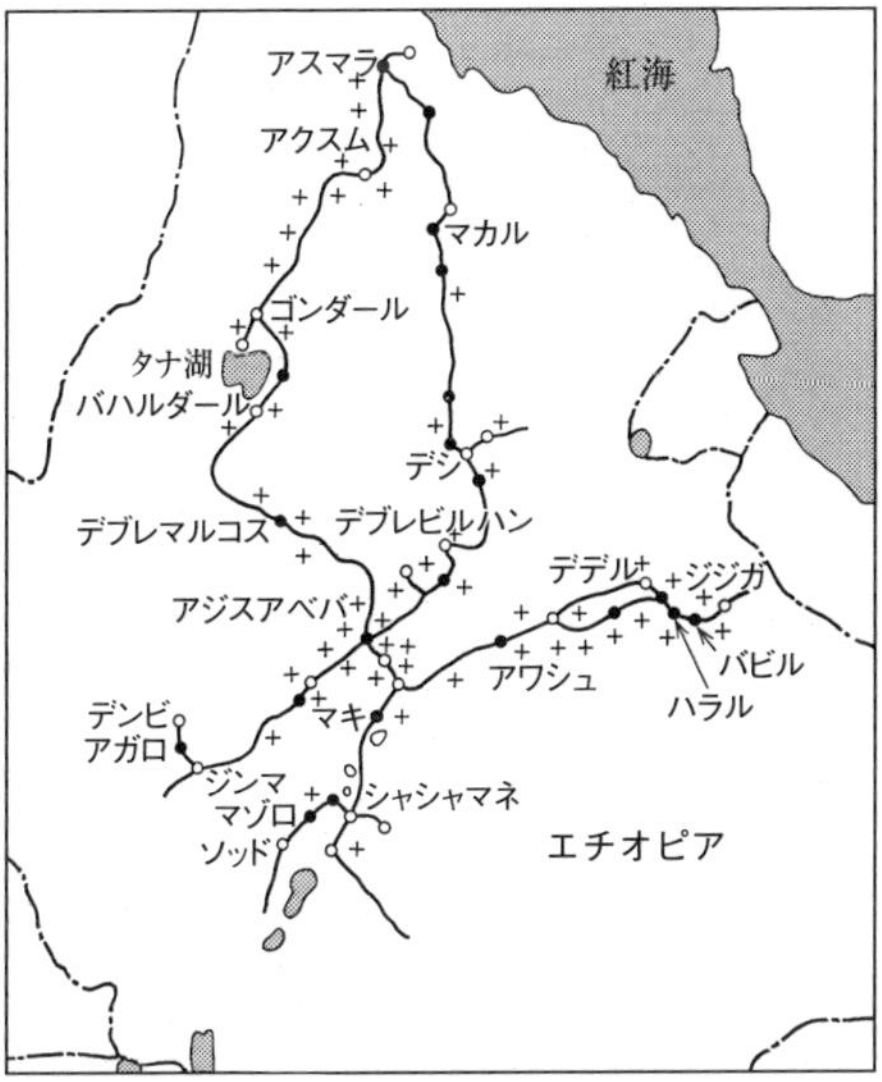

図2　京都大学大サハラ学術探検隊植物班調査ルート
＋は野外における採集地点を示し、●は市場における採集地点を示す。
（福井、1971）

(1) 栽培二粒系コムギおよび栽培オオムギの特異な遺伝的変異の集積地であること。

(2) テフ、モロコシ、シコクビエ、ヌグ、ヒマ、コーヒーノキ、エンセーテバナナ（アビシニアバナナ）など重要な栽培植物の原産地と考えられていること。

(3) ヒヨコマメ、レンズマメ、エンドウ、ソラマメ、ササゲ、およびインゲンマメなどのマメ類、ゴマ、ベニバナ、アマ、カラシナ類などの油料植物、および種々の香辛料植物の変異も特徴的な地域であること。

われわれ植物班の目的もそこに焦点を合わせておこなうことになった。一九六七年一二月中旬より一九六八年三月中旬までの三ヶ月にわたり、図2に示す探検ルートに沿って、栽培植物の変異の調査と収集に主力を注いだが、地方の町や村の市場を訪ね農産物の種子の収集も熱心におこなった。同時に野生植物の採集、農家での農具や生活用具の調査、地酒のつくり方、土地利用や土地所有形態についての知識を得ることにも努めた。

涼しいアフリカ

早朝カラチを発ったエチオピア航空で紅海を一飛びすると、機上からアフリカの東北端を見下ろす

エチオピアの首都、アジスアベバ

ことができる。月の表面のような火山群、砂漠のなかの白い塩湖——これが最初に目に映るエチオピアであり、それにまず驚かされる。そしてまもなく、北部エチオピアの中心地、アスマラ（現エリトリア）着。機外に降り立つと、とても涼しい。これがアフリカの一部なのだろうかという素朴な疑問が頭を掠める。

そこから首都アジスアベバまで真南に飛ぶ。川が抉り取った巨大な峡谷の両側に広がる高原が果てしない。機が空港へ着陸態勢に入ると、まず目に映るのがユーカリの林である。およそ一四〇年前オーストラリアから持ち込まれたこの樹木の植林は、うまく成功した。そしていまではエチオピアのいたる所で見られるユーカリ林となった。空港の瀟洒な建物と爽やかな空気がすがすがしい。一二月一四日アジスアベバ着。

アジスアベバは海抜二四〇〇メートルの高原の町で、エントト山の麓に約一〇〇年前に造られた町である。「アジスアベバ」とはアムハラ語で「新しい花」という意味である。町の中心部はかなり近代化していて、銀行、ホテル、劇場のビルが立ち並んでいる。

町の広場を歩いていると、男の子がヒヨコマメを生で食べながらやってきた。片手には莢の着いた植物を束にして持っている。よく見ると、莢も豆も真っ黒だ。ヴァヴィロフがこの地方を旅行してからすでに四〇年の歳月が流れている。しかし彼の報告にあった独特の色の変異はまだあるぞという強い印象を受けた。

女も男も「シャンマ」という木綿の衣を身に着け、女の人は色のついたケープを頭に巻いている。しかし町中にはミニスカートの若い女性の姿も目につく。男も女も顔立ちがすばらしく、睫毛が長く、目はパッチリとして印象的である。朝夕はかなり冷え込んで、気温は一〇度を下まわっているようだった。

エントト山登山

付近の偵察と高度馴化を兼ねて、アジスアベバの後背のエントト山に登ってみた。山の麓には、ユーカリ林の心地よい葉ずれの音のなかに静かな家並みがある。老婆がウシを追って行くのに出会う。野生の白いバラ（*Rosa abyssinica*）や灌木性のオトギリソウ（*Hypericum revolutum*）の黄金色の花が際立って美しい。さかんに野生植物を採集する。ビャクシンの一種（*Juniperus procera*）が疎らに生え、昔の植生の面影を留めている。エントト山の緩やかな稜線がくっきりと見えはじめた。家畜の水飲み場の小さな流れにはスゲやヒルムシロが生えている。

ユーカリの林を抜けると突然広々とした放牧地が展開し、二、三軒の農家が現れた。ヤギやヒツジが無心に草を食み、牧童が仔ヒツジを追っている。そこを少し登るとオオムギ畑があった。穂の形や色の種々なものがある。高度計の針は二八〇〇メートルを示している。この畑にはコムギも混生し、野生のエンバク、ドクムギ、スイバやスズメノチャヒキの類も雑草として混じっている。

また少し登ると、今度はコムギ畑、二粒系コムギのさまざまな型が見られる。われわれの様子をそっと見ていたヒツジ番の女の子が、「アジャ！」と叫んで谷間の畑を指差した。不思議に思って急いで下ると、もっとも原始的な栽培二粒系コムギのエンマーコムギ（*Triticum dicoccum*）の畑ではないか！　コムギはアムハラ語で「シンデ」というが、この特殊な古いコムギは明らかに区別されていることがわかった。

古いエンマーコムギの穂

そこから頂上まで、あちこちにムギ畑が散在していた。畑は岩の少ない場所を選び、一回だけ鋤き起こしたにすぎないので、拳大の土塊がごろごろし、除草もあまりしていないようだ。また広いユーカリ林があり、樵夫がしきりに伐採していた。稜線の近くに出ると、高さ二メートル、花は茶色で直径二〇センチのボール状のお化けアザミが生えていたが、残念なことに種子はまだ熟していなかった。

頂上のすぐ下に二軒のオモロ人の農家があった。訪ねてみると、家は石を積んで囲ってあり、中庭も一面に石を敷き詰め、壁も石でできた草葺きの家である。女や子どもたちが放牧地からウシの糞を背中の籠いっぱいに背負って登ってきた。家の外にはウシの糞でつくった燃料用の煎餅が高々と積んであった。

頂上（三二〇〇メートル）から見た眺めは、まったく素晴らしい。ユーカリの林のなかに見え隠れするアジスアベバの町並みを一望に収める。その向こうにアカキ、アチャチャ、マナゲイシャの山々がくっきり浮かんだように見えた。東側は急な斜面となって落ち込み、その向こうは遥か見渡すかぎり沃野が果てしなく広がっている。

「向かふの山に登ったら　山の向かふは村だった
田圃のつづく村だった　つづく田圃のその先は……」

という、遠い昔小学校で習った詩の実感をここで思いがけず味わうことができた。何と素晴らしい、おおらかな眺めであろうか。

陽がようやくマナゲイシャ山に傾くころ、山を下りはじめた。麓のユーカリ林の村々から、いっせいに夕餉の青い煙が立ち昇り、それが沈み行く陽の光に映えて、ひときわ美しい。大自然にしっくり溶け込んだ人間の生活がそこにあるように思えた。

テフとインジェラ

一二月二八日、アジスアベバの南五〇キロのデブレゼイトに移った。ここにはハイレセラシェI世大学（現アジスアベバ大学）付属の農業試験場がある。場長のマラック博士（Melak Mengesha）は世界唯一のテフの専門家である。大晦日までここに滞在し、付近のテフ、コムギ、ヒヨコマメの畑や、やや高地に行くと畑の多いオオムギなどの調査をした。

テフ（*Eragrostis abyssinica*）は、エチオピアの神話に出てくる龍の頭から迸り出た血から生じたという伝説がある。この作物がこの国の伝統的な主食の素材である。その重要性は全禾穀類栽培面積の約半分を占めていることからもわかる。

テフは、日本の秋の路傍の雑草であるカゼクサやニワホコリと同じ属の植物で、草丈五〇～一五〇センチで、穂はよく分枝して広がったものから、開かないでコンパクトなものまで、いろいろな型のものがある。

雨季のはじまる八月ごろに畑に種子をばら播くが、九月の終わりから一〇月にかけて穂が出る。乾季のはじまる一一月ごろには、すでに黄色によく熟した広々としたテフの畑を見ることができる。鎌で刈り取って収穫し、畑で乾かしてから農家のまわりの脱穀場で、ウシやウマに踏ませて脱穀し、そのあと風選によって種子が選び出される。

種子には白色のものと褐色のものがあり、白いものが上等である。テフの種子は非常に小さくて、長さ一～一・五ミリである。「テフ」という呼び名も、「見失ってしまう」という意味のアムハラ語に由来するという説もあり、もし種子一粒を机の上から落としたとすると、いくら探しても二度と見つからないであろう。

テフはエチオピア独特の雑穀であり、人びとの主食の素材である。テフの種子は、長楕円形で馬鞍型の「ウエフチョ」と呼ばれる石臼の上で握りこぶし大のすり石を往復運動させて製粉される。この粉に水を加えて練り、自然発酵させて、これを「ミタド」と呼ばれる土鍋で焼き、「インジェラ」をつくる。これは直径六〇センチほどの薄い、半発酵の一種のパンで、この地方独特のものである。

このパンを数枚、「メソブ」という野生のイネ科植物の茎で編んだ特有の台の上に置き、三、四人が台を囲んで座って食べる。インジェラの上に「ワット」というカレー状のおかずをかけ、右手でイ

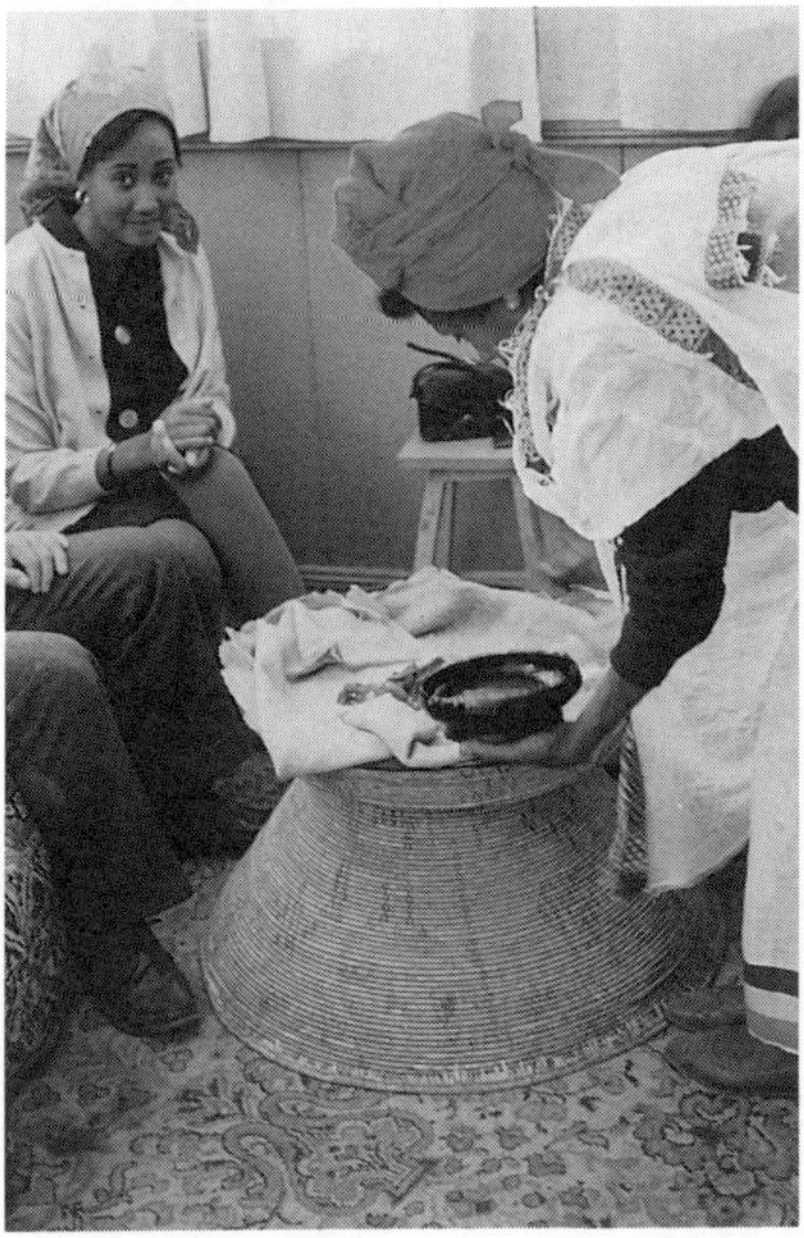

上：ウシに踏ませておこなうテフの脱穀風景／下：メソブという台にインジェラをのせ、ワットをかけて食べる

ンジェラをちぎり、それでワットを包むようにして摘み上げて口に運ぶ。

　ワットには、ものすごく辛いトウガラシの粉がたっぷり入ったもの、ウシやニワトリの骨付きの肉と茹でた卵の入ったもの、潰したヒヨコマメやレンズマメが入ったものなど、種々のものがあるが、どれも香辛料がふんだんに入っていて風味があっておいしい。そのなかでも辛いトウガラシの入ったものは「カイワット」と呼ばれるが、これを初めて食べたときは、辛くて辛くて、上の口が燃えるような思いをした。そして翌朝起きて用を足すときは、下の口がホカホカして、またたいへんだった。しかし一週間もすればそれにも慣れてきて、一日一回はこの激辛のワットをつけたインジェラを食べないと、何だか頼りがないという感じがしてきたから不思議である。約三ヶ月間、田舎から田舎へと元気に採集旅行ができたのは、毎日食べたこの辛いワットのおかげであったともいえる。

　これがこの国の伝統的な主食である。エチオピアの人びとの食生活はテフときわめて強く結びついており、三度の食事はかならずインジェラといっても過言ではない。

　はじめは、どうしてこんな小さな種子をつけるテフという植物が重要な作物なのか、なかなかわからなかったが、エチオピアではとても長い栽培の歴史があり、人びとの食生活のなかにしっかりと根を下ろしていることがわかった。

　テフの藁は、壁に塗り込めたり、敷き藁にしたりするので需要が多い。郊外に出ると、ロバが背中に藁の大荷物を積んで、急ぎ足に歩んでいるのをしばしば見受ける。

チャルチャル高地

われわれの立てた国内旅行計画の一番はじめの目的地は、エチオピア東南部を形づくっているチャルチャル高地であった。ここは、とくにモロコシの栽培が多い。

一月一〇日デブレゼイトを発ち、ナザレで大地溝帯に下り、アワシュ川に沿って東進した。ナザレを過ぎて八〇キロで標高一〇〇〇メートルのアカシアを主体とするサバンナ帯に入った。さらに五〇キロ進むと草原帯になり、トムソンガゼルの群れが草を食み、その彼方に一木一草もない岩山が聳えている。痩せたラクダを曳いた精悍な感じのオモロ人の遊牧民に会う。すべて石造りの家並みのアワシュ（標高八〇〇メートル）で宿泊した。アワシュからミエソまでの八〇キロは低い灌木林の多い地帯で、禁猟区になっている。道は何度も低い丘を越える。ディクディクという小ジカのような動物が車の音に驚いてブッシュに逃げ込む。背中に黒い縞のあるジャッカルが道端に寝そべっていた。

進むにつれて、だんだんモロコシの畑が多くなる。ミエソから道はチャルチャル高地へと上る。一八〇〇メートルの高度でモロコシ畑を調べる。驚いたことに、穂の色が白、黄、赤、褐色、濃褐色と、実に雑多なものが混作されている。熟すると穂首の垂れ下がるもの、立っているもの、穂が詰まったもの、疎らなものなど、たった一ヵ所の畑で多くのタイプのものが収集できた。

高度が二〇〇〇メートルを越えると、コムギやオオムギ畑が、モロコシ、ヒヨコマメ、テフ、サツマイモ、タバコの畑と交錯し、道は果てしなく上下する。午後四時過ぎ、われわれはチャルチャル高地東端のアレマヤにあるハイレセラシェI世大学農学部（現アレマヤ大学）にたどりつき、学部長の好意でゲストハウスに滞在することになった。ここを基地として、チャルチャル高地へ二回調査に出かけた。

最初は一月一四日、アレマヤより約四〇キロのクルビまで行く。高原のこの小さい村には、とても立派なエチオピア正教の聖ガブリエル教会があるので有名である。年一回、一二月二八日にエチオピア中の巡礼が集まって盛大なお祭りを催す。教会のなかは「エタン」（乳香）の香りが沁み込み、きらびやかな黄金色の聖ガブリエル像が目を惹いた。

この付近は標高二三〇〇～二四〇〇メートルで、コムギ、オオムギ、アマ、マメ類の栽培が多い。少し下って二〇〇〇メートル台になるとモロコシが多い。

アレマヤは湖に沿って見事なユーカリの街路樹が続く町である。町の広場でちょうど市場が開かれていたので、人込みに入ってゆくと、みんなに取り囲まれてたちまち身動きができないほど女や子どもの顔また顔で埋まってしまう。ここで三三点の作物種子を集め、オモロ語とアムハラ語の作物名を記録した。

オモロ人の女たちは肌の色が褐色で、顔立ちが丸い。頭と首に赤、青、白の大きなビーズ玉をつな

エレル山の麓のおおらかな田園風景

いだような華やかな飾りをつけ、腕にも輪をはめてなかなか装飾的である。女たちが水をいっぱい満たしたヒョータンを頭に載せたり、布にくるんで背中につけたりして歩いている姿はまったく牧歌的である。

次はアレマヤより九〇キロのデデルに向かう。ここはオボロ人の多い高原の小さな町である。土の色が褐色のせいか、町はどことなく暗い感じがした。町の裏山に登ると、一軒の農家があり、コムギ、オオムギ、テフが干してある。イヌマキの一種が生える斜面をさらに登ると、薄紫色のマツムシソウが一面に咲いていた。この植物は家畜が食わないらしい。

高度二六〇〇メートルまで登ると、また一軒の農家があり、ひとりの少年が白馬一頭とロバ二頭を御して脚で踏ませて、ソラマメの脱穀をやっていた。六人の女が山の上の畑から刈り取ったソラマメを黙々と運んでいる。斜面には一〇頭ばかりのヒツジが群れ、家のそばには色づいたコムギ畑とタバコ畑があった。脱穀場の片隅には大きな花序をぶら下げた「コソ」の大木が、心地よい日陰をつくっている。ウシが三頭寝そべり、そのそばで二人の男がしきりに「チャット」の葉を噛んでいた。

コソ（*Hagenia abyssinica*）はバラ科植物で、この木の花序はエチオピアでは大切な民間薬で、主として寄生虫の駆除に用いられている。山のなかでもこの木だけは薬用植物として伐られずに大木となっているのを見かけた。

ニシキギ科のチャット（*Catha edulis*）は、これまたエチオピア独特の嗜好植物で、チャルチャル高地ではいたる所で栽培されている。その葉を噛むと、ある種の興奮性の刺激が得られるのである。仕事の合間の一服はかならずチャットを噛むようだ。

ハラルの町とソマリア国境

ハラルはエチオピア東南部の中心地で、古くからアフリカ東北部の隊商路の町として栄えた。この町の旧市街はアラビア風で、石を積んだ塀が白く塗ってあり、町のなかは果てしない迷路からできていた。しかし鉄の扉を開けて塀のなかへ一歩入ると、広い中庭を隔てて二、三棟の家があり閑静である。迷路の集まる広場では衣類や日用品を広げた小さな市場があり、賑やかな騒音に充たされていた。

野生のイネ科植物の「スンドド」（*Pennisetum schimperi*）や「アケルマ」というオイシバの一種（*Eleusine jaegeri*）の茎を染めて編んだ美しい籠類を並べている。ハラル地方の特産品である。

ハラルの町はずれに緩やかに傾斜した広場があり、朝から人びとが集まって市場を開いていた。店を冷やかしているうちに、スワヒリ語を喋る男と親しくなった。この言語ができる同行の福井勝義隊員（当時、京都大学大学院生）が、この男に穀物やマメ類などのコト語とアダル語を聞きながら、買物をはじめた。たちまちまわりは黒山の人だかりで身動きもならない。一つひとつの振舞いをまばたきもせず見物しはじめた。私は専ら記録係をつとめる。

約一時間、福井隊員の大活躍のうちに七八点のものを買い集めた。採集用パラフィン袋にいっぱい入れて五セント（七円）である。収集品の内訳を分類すると、つぎのようになった。

穀物類――コムギ、オオムギ、トウモロコシ、モロコシ、テフ――一二点
マメ類――ササゲ、インゲンマメ、ソラマメ、ヒヨコマメ、エンドウ、レンズマメ――一〇点
油をとる種子――カラシナ類、ベニバナ、アマ、ゴマ、ヒマ――九点
野菜類――カボチャ、ジャガイモ、ニンニク、タマネギ、テーブルビート、キャベツ、ニンジン――七点
香辛料・生薬など――トウガラシ、アニス、クロタネソウ、コソ、乳香、岩塩、植物名と用途不明の香辛料・生薬――四〇点

ハラルからさらに東へ、ソマリアとの国境付近はどんな景観であろうか。国境付近は不穏であると

いう噂を聞いていたが、できるだけ行ってみよう。

町をはずれると、丘の上に発達したハラルの白い町を鮮やかに望むことができた。しばらくはモロコシ畑が続くが、もうすでに収穫は済んでいた。南の方は高い山はなく、テーブル状の丘陵が次第に低くなっている。ハラルから七〇キロ行った所で、サボテンの林のなかから突然イノシシが二頭飛び出した。二〇頭のマントヒヒの群れが行く手の岩山を渡ってゆく。男性のシンボルを想わせるユーモラスな巨石がにょきにょき立っている山があった。家畜の大群が集まる川原を渡った。疎らな灌木林が尽きて果てしない草原に、突然、町が現れた。

ハラルより一二五キロで海抜一七〇〇メートルのジジガに着く。はるか彼方にラクダ二頭を先頭にウシの長い列が蜃気楼のように動いている。遊牧民のようだ。別の方向からラクダの群れが道をよぎる。そのなかに一頭の白いラクダが混じっていた。

ジジガの町を一歩出ると、やにわに完全武装した軍隊が飛び出してきて、われわれを引き止めた。このあたりはソマリア人がたくさん住み、男はスカートをはいているので区別がつく。この町には兵営と空軍基地があり、アラビア風のこの町も一見のんびりしているが、国境の町という印象が強い。

一月一七日午前一一時、アレマヤを発って帰途につく。ディレダワに下ったが、まわりはすべてサバンナの海で、陸の孤島という感じが強い。小休止のあとアワシュに向かって出発。エレル・ゴタまでは道がよく、ここには灌漑施設のある立派なオレンジ園があった。そこから道は次第に悪くなり、川を何回となく渡っているうちに車が故障した。福井隊員と運転手の努力で、再び車は調子を取り戻す。すでに陽はアカシアの林に傾き、サバンナ帯をひた走る。まったく静かな世界を走っている。ハイエナやウサギが車の前をよぎる。アワシュまで一〇キロの地点でまたもや故障してストップ。幸いにも反対方向からトラックが二台やってきた。二人の運転手はさすがにベテランで、親切にも応急手当を施してくれた。午後一〇時、やっとの思いでアワシュにたどりついた。

青ナイル峡谷の夕陽

アジスアベバに四日間滞在して、車の修理や次の旅の準備を整えた。

一月二三日、二〇日間にわたる北エチオピアへの長い旅に上った。アジスアベバより北一〇〇キロは海抜二六〇〇メートルの広い高原が続き、道も舗装されて快適である。コムギやテフの畑が多く、豊かな感じのするアムハラ人の居住地である。雑多なコムギ畑で車を停めて何回となく調査をおこなう。ときどきカラスの群れを見かけたが、首のまわりが白い。二〇〇キロの地点で夕陽の映える青ナイル（アバイ川）を見下ろす断崖に立った（標高二五〇〇メートル）。夕陽が静かにその彼方に没した大峡谷の美しさと規模はまた格別である。そこからジグザグ道を下り、高度一一〇〇メートルの青ナイル橋（Blue Nile Bridge）を渡った。この峡谷の深さは、じつに一四〇〇メートルである。谷間にはあちこちに農家があり、モロコシ畑がある。

とっぷり陽の暮れた坂道を喘ぎながら登ってデジェン（標高二五〇〇メートル）に着いた。安宿でインジェラとうまい肉の入ったワットを食べる。満天の星のきらめきの音が聞こえるようだ。オリオンは中天近くにかかり、スバルが際立って美しかった。

デジェンからしばらくは遥か丘の果てまでテフの畑が続く。もう刈り取りが済んで、あちこちに高く積んである。どこか日本の田圃の風景に似ている。

ユーカリ林の多いデブレマルコスで昼食をとり、市場で農産物の種子を収集した。しばらく二〇〇〇メートルの蒸し暑いサバンナ帯の台地が続く。それを過ぎると、再び二五〇〇メートルのオオムギ畑の多い高地に上がった。

ここは自然の灌漑を利用して年に数回オオムギの栽培ができるらしい。色づいた畑とまだ青々とした畑が美しいパターンを織り成していた。熟したオオムギの穂は紫色で、畑一面が紫色に見える。こんな風景はブレからインジバラまで続いた。

ここからバハルダールまでは陽が落ちると治安が悪いと聞き込んだ運転手は、やにわに新幹線のごとく車を飛ばし出した。小さな村に入ると、夕餉の煙が棚引いて視野をさえぎる。チョロチョロ燃えるかまどの火だけが一瞬暗闇にゆれては視界から飛び去った。

古城そばだつゴンダール

バハルダール（標高一八〇〇メートル）はタナ湖畔の町である。町はずれで青ナイルに架かった橋を渡る。エチオピア最大のタナ湖は青ナイルの源流で、水は少し濁っているが、水量はかなり豊富である。川辺にはヤシやパピルスが生え、橋の上からのんびりと釣り糸を垂らす太公望もいる。朝もやの川岸には女たちが水ガメを背負って水汲みに余念がない。タナ湖の東岸は喬木林がよく発達している。それを拓いて「ヌグ」、シコクビエ、トウガラシを栽培している。

「ヌグ」（*Guizotia abyssinica*）はこの国特産の、もっとも重要で、もっとも生産量の多いキク科の油料作物で、統計によれば油料作物全種子生産量の六〇パーセントを占めている。花は濃黄色で、一面に開花中の畑は見事で美しい。黒光りした細長い種子は上質の油を含んでいる。最近はインドでも栽培されているようだ。

アジスゼメンから奇妙な岩山を望む峠を二回越える。時おり谷間の向こうにウシを追う牧童の掛声がこだまする。モロコシやヒヨコマメの畑が散在する。午後三時過ぎ、ユーカリの並木が美しい古都ゴンダール（標高二二〇〇メートル）に到着する。その緑がまわりの禿山と対照的だ。一七世紀ごろ建てられた古城がひっそりとそばだち、在りし日の面影をとどめる静かな町である。

一月二七日早朝ゴンダールを出発するが、その日はアクスムまで三二〇キロの旅程である。町をはずれてすぐ急坂を上ると、コムギやオオムギ畑が展開する二九〇〇メートルの高原に達する。しばしば車を停めて採集に熱中する。ゴンダールより一〇〇キロでデバレクという小さな町に着く。ここはバスの休憩所で、旅する人びとでごった返している。

それもそのはず、北に向かって一歩出ると、ものすごい九十九折れの急坂が一五〇〇メートルも高度を下げてタカゼ峡谷に落ち込んでいるのだ。途中には山水のしたたる場所があって、いろいろな野生の草花が咲いていた。谷間といっても何回となく標高一七〇〇メートルほどの峠を越える。下るにつれて気温は上昇し、モロコシ畑があるが、収穫はすでに終わっている。

途中、ハゲワシの大群が道をふさいでいたが、近づいても一向に飛び立つ気配がない。よく見ると、道端に一頭のウシが死んでおり、彼らは貪欲な食欲発揮の真っ最中であった。その付近から何か神々しい印象を与える濃紺色のシミアン山塊（ここにエチオピア最高峰、四六二〇メートルのラスダシヤン山がある）の峨々たる岩山が天を摩しているのを望んだ。

高度九〇〇メートルの地点でタカゼ川の橋を渡るが、両岸の木々は乾燥のためほとんど落葉していた。再び谷を上りつめ、アクスムには午後六時に到着した。

シコクビエと地酒

アクスムは、四世紀に栄えた王国の首都のあった、由緒深い町である。大きな一本石の立柱群が遺跡として保存され、昔の栄華を物語っている。この小さな町の歴史はソロモン王の時代にまで遡れるという。

ここはもう北エチオピアに住むティグレ人の生活圏である。あたりは石の多い荒地で肥沃な感じはなく、もうすべての作物の収穫期は過ぎていた。

ここから東に向かうと異様な形のアドア山塊が迫ってくる。アジアブンより道を北にとる。約一〇〇キロは一五〇〇メートル台の非常に乾燥したサバンナ帯となり、シコクビエの広い畑が続いたが、すでに収穫して畑に積んである。まわりは家畜の食害を避けるため棘の多いアカシアの枝で囲ってあった。

シコクビエ（*Eleusine coracana*）は秋の路傍に生えるオイシバによく似た植物で、英名の finger millet という形容は穂の特徴をうまく表現している。サバンナ農耕の指標植物ともいわれている。アビシニア高原付近が原産地と考えられている雑穀で、インドやヒマラヤにも広く栽培されており、中国を経てはるばる日本にまで伝播し栽培された歴史がある作物だ。市場で収集したものには、種皮の白いもの、赤褐色のもの、濃褐色のものが混じっている。

シコクビエはおもに「タラ」というこの地方独特のビールの原料に用いられている。タラの原料には、むろんコムギ、オオムギ、テフ、モロコシ、トウモロコシも使われているが、シコクビエがもっとも優れている。その醸造にはホップのかわりに「ゲショ」(*Rhamnus prinoides*) というクロウメモドキ科の葉や枝が使われる。市場に行くと、コムギやオオムギの麦芽とともに、かならずゲショの葉や枝を売っている。細かく切った葉や枝が農家の庭先に干してあるのをよく見かけた。

エチオピアでは、酒造りは女の大切な仕事である。ある農家でタラの造り方について聞いてみた。まず、原料の穀粒を炒ってすりつぶし、それに乾かして細かく砕いたゲショと水を加える。さらに発芽四日目の麦芽を加え、容器に入れて室温に保つ。三、四日から一週間発酵させ、さらに水を加えて室温に保つとタラができる。タラは黒ビールといった感じの地酒であるが、あまり発泡しない。なんともいえぬ独特の風味がある。これを蒸留した「アラキ」は、透明でアルコール分の高い蒸留酒である。二、三の農家で接待されたアラキはとても味がよく、火をつけるとウオッカのように燃える強い酒であった。

サバンナ帯を過ぎると、道は再び高度を高めた。マレブ川の段丘に上ると、標高二〇〇〇メートルのエリトリア高原がアスマラまで続いた。この町の周辺は荒涼として肥沃ではない。しかし、アスマラに近づくにつれて、通りすぎる町や村は何かヨーロッパ風の雰囲気が感じられた。

マカルの「ガバヤ」（市場）

二月二日、アスマラを出発し、東ルートを南下して、標高二一〇〇メートルの谷間の町、マカルにいたり、ここに一泊した。

ヒヨコマメを売る農家の奥さん

朝早く町の「ガバヤ」（市場）に行くと、もうたくさんの人が集まって賑やかである。ちょうど自分の手のとどく範囲に、布でくるんで持ってきた少しずつの穀物やマメや香辛料などを広げて座っている。ほとんどが近隣の農家の主婦たちで、一日中商売をしながら世間話に花を咲かせ、ここが彼女たちの唯一の社交場でもあるようだ。

手近かなところから福井隊員が女の前にどっかと腰を据え、「アミスト・セント・ビッチャ！（五セント分だけください）」をはじめる。採集用パラフィン袋にちょうど一杯分。私はそれをもらって口をホチキスで止め、まわりに立錐の余地のないまでに集まった見物客に大声で尋ねる。「イヘ・メンデノ？（これは何ですか）」。最初は戸惑った人びとも次第にわれわれの意図がわかってくる。

こうして、いろいろな作物の地方名を記録する。マカルではティグレ名を集めた。狭いところで押し合いへし合いやって、女たちの小さな店は子どもたちの泥足で踏み荒らされることもしばしば。トウガラシの粉と埃が鼻や喉に入って、みんなもわれわれもゴホンゴホンと咳きがしきりと出る。

こんな調子でやっていると、そこはよくしたもので、どこからか英語のわかる子どもが悪魔のごとく現れて、さっと採集袋をかついで助手を買って出る。そうなると、もうしめたものである。どんな書物をひっくり返しても載っていない香辛料や生薬の名前や用途まで採集できるのである。ときには高く売りつける老婆がいると、たちまち周りが承知しない。しぶしぶ、われわれが渡したお金を膝の下から取り出して、笑いながら返してくれる。こんな素朴な世界に浸っていると、旅の疲れも吹っ飛んで連日快調な旅が続く。

広場の片隅にはヒツジ、ロバ、ウシの売買をやっている男たち、日用品を売っている店がある。また、広場のまわりの小屋には地酒を売る店があって、心地よく酔った連中の口論や、気の合った同士のなごやかな話し声を聞くことができる。市場のある日は、道に沿って大勢の人が市場をめざして歩いている。車の距離計で調べると、だいたい半径一五キロメートル内の村々の人が集まってくるようだ。

マカルの市場では、穀物一七、マメ類一〇、油料作物八、香辛料一六、薬用植物その他二一点、合わせて七二点を収集した。そのなかには、女の人が葉を粉にしてバターとともに練り、髪の毛にぬる「クンニ」という野生の樹木の葉や、ヨモギに似たキク科植物でその香を楽しむ「アトラン」という草、女の手のひらを黒く化粧するための染料をとる「サスダ」という塊根も含まれていた。

エチオピアのどんな田舎の市場にも、ヒヨコマメ（*Cicer arietinum*）、レンズマメ（*Lens culinaris*）、ソラマメ（*Vicia faba*）、グラスピー（*Lathyrus sativus*）などいろいろなマメ類を売っている。それらの遺伝的変異も際立って多い。たとえば、ヒヨコマメには種皮の真っ黒のもの、褐色のもの、黄色のものから白っぽいものまで、また形も角ばったもの、丸いもの、大きいもの、小さいもの、種々さまざまである。多くの場合、これらが混じり合っており、農家がさまざまなタイプのものを混植していることがわかる。

デシの宵雨

マカルから山岳地帯を越えてアラマタにいたり、そこから約一〇〇キロさらに南下したが、標高一五〇〇メートルのサバンナ帯で林を拓いたモロコシ畑が多い。もうすっかり収穫が終わっている。路傍には野生のヒマ（*Ricinis communis*）が多い。野生のヒマは栽培種に比べると果実も種子も小さい。

ヒマはエチオピア原産の油料植物で、市場に売っているものは野生種と栽培種の種子が混じっているようである。種皮の色や模様はさまざまで美しい。

モロコシ畑では、背中に瘤のある体や角が大きい二頭のウシ（ゼブ牛）を使い簡単な鋤を用いてさかんに耕している風景が見られた。このあたりの集落は山腹につくられている。多分、村をマラリアと外敵から防ぐためであろう。

デシの北二〇キロからコムギ畑が現れた。ここでもエンマーコムギは「アジャ」と呼んでいて、他のコムギと区別していた。

デシ（標高二五〇〇メートル）には午後早く着いたが、その夜、雨が降り出した。エチオピアに来て初めての雨である。町の灯りもぼんやりとかすんで、なんとなく春の宵雨を想わせた。

翌日おりよく市場の日で、町はずれの広場は人で埋まっていた。ウォロ人の女たちが頭飾りも美し

人びとで賑わうデシの市場

く、並んで店を開いている。男の岩塩屋が一〇人ほどずらりと並んで、大きな鋸で、ダナキル砂漠からラクダの背に積んではるばる持ち上げられてきた岩塩を切り刻んでいた。穀物の取引は多く、はずれの仲買人の家の前には高く積み上げられたコムギの山が見られた。

翌二月六日、デシの南二三キロのコンボルチャへ行く。そこで「ツルンゴ」という野生に近いが果実がかなり大きいミカンの一種を見せてもらった。昨日市場でたくさん売っていたものだ。

とある農家の家に案内された。そこで「イエレ・グダド」という地下に埋めた穀物貯蔵甕の埋没箇所を見た。甕の底の直径六〇センチ、深さ二メートルもあるものだそうだ。この地方には、別に「ゴダル」と呼ぶ穀物貯蔵籠も見ることができた。それは高さ一五〇センチ、直径六〇センチの竹籠である。内側はウシの糞と木灰を混ぜて固めてあり、家の軒や庭に立ててある。

虫害を防ぐためにゴダルは三脚椅子のような台の上に置かれていた。

コンボルチャからアサブに下る道をたどって、ダナキル遊牧民の生活圏を垣間見た。途中、これから花嫁を迎えに行くという花婿の一団に出会った。八人の男がてんでに槍や長い杖を持ち、花婿を囲んで「ゲショア・アベバ！」（春が来て花ざかりになったというような意味）と歌い踊りながら道を登って行った。帰途、夕暮れ迫るころ、再びこの一団に出会った。大分お酒がまわっているらしく、さらに大声で歌い踊りながら、陽気に帰りの山道を下って行った。そのすぐあとに、紫の薄衣を顔に被った、とても可憐な花嫁の少女が馬に乗せられ、馬子に曳かれて数人のお供とともにやってきた。古い物語の世界から抜け出てきたような風情があった。

青ナイルの源流域

次の朝、昨日越してきた峠まで戻り、そこから尾根伝いにモラレまで採集行を試みた。途中、鋤をかついでウシを連れた農夫の親子に出会い、鋤の大きさをくわしく測定させてもらい、各部分の名前を記録した。この付近一帯は青ナイルの最源流の一部である。あたり一面はよく耕されたコムギとオオムギ畑で、農家の造りも立派で、肥沃な地帯であることを物語っている。

ナイル川もここまで来ると小さな渓流となっている。雨季にはこのあたりの耕地の沃土が浸食され

青ナイル源流地方の農家の親子

て川を下り、ナイル川はこの土をはるかエジプトまで運び下るのである。谷に沿って目を西に向けると、青ナイル大峡谷の一端を遥か彼方に望むことができた。「エジプトはアビシニア高原の賜物なり」、そんなことをふと思ってみた。

峠から尾根に沿ってモラレへの道をたどると、次第に濃いガスが立ち込めてくる。トリトマに似た *Kniphofia foliosa* の美しい花が群生する場所で車を停めた。エリカが一面に山の斜面を埋め、チャセンシダ、キク科の *Helchrysum* の一種を採集した。ときどきガスが晴れると、畑を耕し種子をまく農夫の余念のない姿が見られるが、たちまちそれもガスに包み隠されてしまう。峠より四〇キロでアダバイ川の谷を渡る。

モラレ（海抜三〇〇〇メートル）はわずか数十戸の小さい村であるが、高原の爽やかな空気に満ちている。ここはもう嘘のように晴れ上がっていた。付近のコムギ畑を調査したが、寒さの害のため、ほとんどが不稔の穂であった。しかし、オオムギは早生で耐寒性が強いため、ふつうに稔っていた。

昼食後すぐ、またもとの道を引き返した。再びガスがうずまく尾根道にさしかかると、雨も降り出し、まったく視界はゼロ。濃霧のなかから突然車が現れ肝を冷やした。一歩あやまれば千仭の谷に落ちかねない。緊張づくめの数時間の後、ようやくデブレビルハンの峠に戻ってきた。

翌日はデブレビルハンから西のジフルに向かった。ここは見渡すかぎりのコムギ畑である。刈り取り中の畑に行くと、畦道にインジェラの入った牛革製の平たい弁当箱と水を入れたヒョータンが置いてあった。

ある村はずれで車の車軸の部品が折れていることを発見し、やむなく引き返した。デブレビルハンには修理屋が見あたらない。それで、その日のうちにアジスアベバに帰ることにした。

篠突くような豪雨が降り出したと思うや否や、雷鳴が高原に轟き渡り、あまつさえ雹も降ってきた。小雨季の走りだなと思っていると、行く手に久しぶりに見るエントト山の後姿を認めた。山の向こうはアジスアベバである。

変異豊かな二粒系コムギ

ソ連のヴァヴィロフは一九二六〜二七年エチオピア高原を旅行し、多数の栽培コムギを収集した。研究の結果、ここには栽培二粒系コムギ（染色体数二八の四倍性コムギ）の特異な変異が集積していることを発見した。ここでは、マカロニコムギ（*Tr. durum*）、リベットコムギ（*Tr. turgidum*）、ポーランドコムギ（*Tr. polonicum*）およびエンマーコムギ（*Tr. dicoccum*）のおのおのに、他の地域では見出せない特殊な亜種群が見出され、それらが栽培されていた。そして、彼は二粒系コムギの多様性の中心はエチオピア高原とそれに隣接する山岳地帯であることを強調した。

エチオピアでは、コムギはアムハラ語で「シンデ」と呼ばれているが、エンマーコムギだけは「アジャ」と呼ばれて他のコムギから明らかに区別されている。このコムギは二粒系コムギのなかでももっとも原始的な栽培種で、まだ野生的な形質をもっている。熟すると穂が折れやすく、種子は硬い穎《えい》に包まれていて脱穀しにくい。そのため、中近東やヨーロッパではこの種の栽培はほとんどなくなった。

しかし、エチオピアではまだかなり栽培されていることが、今回の旅で確認することができた。アジスアベバの穀物市場でこのコムギを買ったが、他のコムギとは異なり、種子の状態ではなく脱穀前の小穂のままで売られていた。農家に聞いたところでは、このコムギは脱落性が高いので、朝早くまだ夜露が乾かないうちに収穫するということであった。

この高原でもっとも多く栽培されているのは、マカロニコムギとリベットコムギであったが、両者は渾然と混じり合った状態で栽培されており、その変異は連続的で、現地で分類するのは、なかなかむずかしかった。われわれの調査したほとんどの畑は両種の混合集団のように思われた。それをくわしく見るために一〇ヶ所のコムギ畑でサンプリングをおこなった。

広々とした高原に続くコムギ畑のそばに車を停める。しばらく畑を眺めていると、ほとんどいつも忽然と、まるで降って湧いたように土地の男がどこからともなく現れ、じっとこちらの様子を見ている。野生植物や実験圃場ならばランダム・サンプリングができるが、農家が丹精こめた見事な麦秋の畑に入って、勝手にサンプルをとって畑を荒らすのはどうしても気が引ける。どのようにしてランダム・サンプルを集めたらよいのだろうか。

農家では、いろいろなタイプのものが雑然と混じったコムギをそのまま収穫し、その種子を翌年散播しているので、ほとんどの畑は種々のタイプがランダムに混合した集団と思われた。そこで思案の末、ちょうどムギ刈りをやっている畑に出くわしたとき、農家の刈り取った数束を畑のなかからランダムに選んで分譲してもらい、それをもってその畑のサンプルと考えた。

その一例として、アジスアベバの郊外三〇キロの地点でおこなった、あるコムギ畑でのランダム・

サンプルを紹介しよう。このサンプルは総計二七五穂である。大ざっぱに穂の形と色で分類しても一三の型に分けられた。さらに、おのおのの穂について種皮の色を調べると、六つの型の穂には種皮が黄色のものと紫色のものが区別できた。つまり、穂の特徴と種皮の色の形質を用いて分けると、一九の型に分類できた。種皮が紫色のコムギはエチオピア独特の変異であるが、これが両種に見出されたことになる。

ポーランドコムギは旅行中たえず注意してコムギ畑で探したが、なかなか見つからなかった。しかし、とうとうアジスアベバ西南八〇キロのあるコムギ畑で、マカロニコムギやリベットコムギのなかに疎らに混在しているのを発見した。このコムギは小穂の穎が長いので、容易に他のコムギと区別できるが、この国では姿を消しつつあるコムギのようだ。

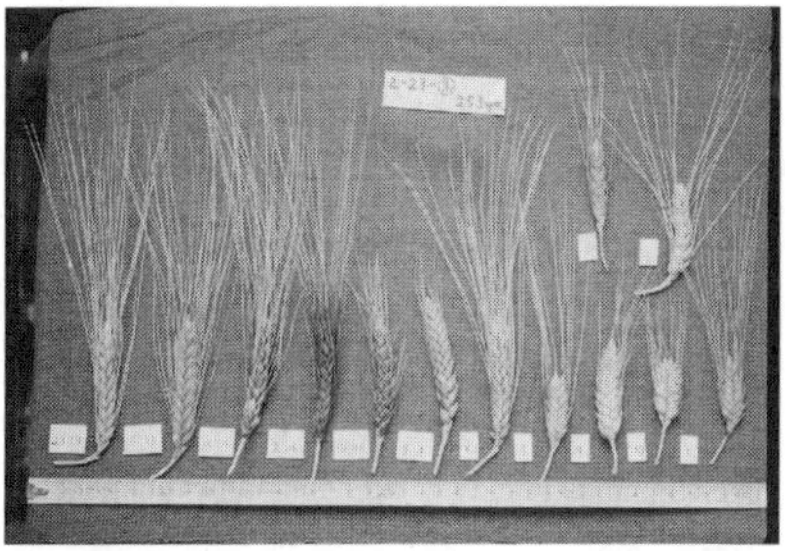

二粒系コムギのランダムサンプル（1束に含まれる変異）

普通系コムギ（染色体数四二の六倍性）のパンコムギ（*Tr. aestivum*）は、農業試験場で聞いたところでは、近年ケニアから導入された新しい品種が、開けた地方で栽培されるようになったとのことである。ヴァヴィロフの採集品にもこのコムギがあることから見て、古くに伝播されたであろうが、二粒系コムギに比べるとその栽培はとても少ない。

エチオピア高原固有のオオムギ

オオムギ（*Hordeum vulgare*）もコムギにおとらず非常に遺伝的変異が高い。アジスアベバの近くではコムギよりもその収穫期が早いので、三〇〇〇メートルの山頂付近でしか見出せなかったが、北のデブレマルコスやデブレビルハン付近の高地では、広い範囲にその栽培が見られた。これらの地方では生育期の異なるオオムギの畑が隣接して見られたので、一年間に数回、自然の灌漑を利用して栽培されているようである。

三ヶ月間の旅行中に野外で採集したオオムギ二〇八系統を穂の形と色で分けると表1のようになった。この表で、二条—*deficiens*というのは二条オオムギであるが、退化した側列小穂が針状に細くなっている型である。*irregulare—deficiens* は二条と六条の中間で不規則に稔性のある小穂がついていて、しかも退化小穂が針状になっているものをいう。この両者はエチオピア高原固有の変異で、採集系統の約半数を占めている。穂の色も黒色、褐色、黄色と色とりどりで、畑ではこれらの変異が雑然と混じって栽培されていることが多い。

表1　野外で採集したオオムギの分類

穂の形態	穂の色			合計
	黒色	褐色	黄色	
二条	3	6	5	14
二条 -*deficiens*	16	16	21	53
irregulare-deficiens	14	22	21	57
六条	28	14	41	83
脱穀した種子	–	–	–	1
合計	61	58	88	208

（阪本、1969）

市場では四〇サンプルのオオムギ種子を収集したが、そのうち裸ムギが二サンプルあり、残りの三八サンプルが皮ムギであった。三八のうち黄色と褐色の穎の色のみが混じっているのはわずか三サンプルで、残りの三五には黄色、褐色、黒色のものが種々の割合に混入していた。裸ムギの収集品二サンプルにも種皮の色の変異があった。そのひとつでは五五六粒中、黄色のもの三七六、青味がかった褐色二八、黒色一六四粒という値を得た。また他のサンプルでは、三四七粒のうち、黄色二三九、青味がかった褐色七五、黒色三三粒であって、皮ムギの場合と同じように、いろいろなものが混じっていた。

ムギ畑の雑草

コムギ畑とオオムギ畑にはかならずといってよいほど随伴して見出されるイネ科の雑草が二種あった。それらは、ドクムギの一種（*Lolium temulentum*）と野生のエンバク（*Avena vaviloviana*）である。ドクムギには芒のあるもの、芒のないもの、穎の黒いもの、黄色いもの、エンバクには穎の黄色のものや黒いものなど、おもしろいことに雑草の変異もまたかなり高く、しかもその変異のパターンがコムギやオオムギによく似た傾向を示すことであった。

市場で集めたコムギ種子四五サンプルのうち、四三（九六パーセント）にドクムギの種子が、一五

（三三パーセント）にエンバクの種子が混在していた。また、オオムギの種子四〇サンプルのうち、二九（七三パーセント）にエンバクが、二六（六五パーセント）にドクムギが混入していた。そのほか、コムギのサンプルにオオムギが混じっていたのが二七（六〇パーセント）で、逆にオオムギのなかにコムギが混じっていたのが一七（四三パーセント）で、両者ともかなり高い混入率といえる。

ジンマ——コーヒーの原産地

次はエチオピア西南部、コーヒーの原産地ジンマをめざす。二月一九日アジスアベバを出発し、よく舗装されたジンマ・ロードを行く。最初の九〇キロは平坦なコムギ地帯で、一面に色づいた畑が続く。素敵な温泉のあるギオン付近から急にあたりの景観が変化し、農家のまわりにバナナ畑が現れた。ふつうのバナナと異なり幹が太くてしかも葉が直立している。エンセーテバナナだ。すでにわれわれはグラゲ人の世界に入りつつあったのだ。農家も丸い大きな茅葺きの家となった。

やがて道は大きな渓谷に下りはじめた。オモ川の流れが白く光って見える。谷は一面落葉樹林帯となっていて、よく見ると木は少し芽を吹き、早春のような感じである。このあたりにも小雨季の雨が降ったことを示している。標高一九〇〇メートルでオモ川に架かる橋を渡る。水は茶色に濁り黒い岩を噛んでかなり早い速度で流れていた。川縁の屋根の傾いた茶店に入って休息。戸口には乳香がくゆらしてあった。その裏のアカシアの木にたくさんの小鳥の巣がぶら下がり、まるで鳥のお宿のようだ。

渓谷を登ると道は丘陵地帯を上下し、いくつかの村を過ぎた。ときどき農家のまわりにコーヒー畑が現れてきた。陽が西に傾くころ、まだジンマよりはるか手前の林のなかで野生植物を調べていた。農家の女たちが水ガメを背中に背負って帰り路を急いでいた。午後八時ジンマ着。標高一七〇〇メートルであたりの空気は何となく湿っぽく暖かだった。

翌朝ジンマよりアガロ方面に出かけた。道に沿ってコーヒー林がどこまでも続く。コーヒーノキ（*Coffea arabica*）は自然生えのアカシアやネムノキ類の大木の下生えとして栽培されている。ちょうどコーヒーノキの花盛りで、林のなかは馥郁とした香りがあたりに満ちていた。この林のなかのネムノキによじ登り、着生していたいろいろなシダやランを採集した。

アガロの町はちょうど市場日だったので、そこで種子を収集することを忘れなかった。このあたりはオモロ人が多いので、女の身なりも色とりどりで華やかだった。そして、なんとなく明るい空気が市場に満ちており、これは当時唯一の輸出用の換金作物であるコーヒー栽培がもたらしている活気でもあるようだった。

エチオピアでのコーヒー利用の歴史は古く、長い間この国だけで栽培されていたが、一四世紀になって初めて紅海を渡り、イエーメンに伝播したという記録がある。イエーメンのコーヒーはモカコーヒーとして有名であるが、そこから世界各地に伝播し、広く栽培されるようになったという。エチオピアではコーヒーを「ブンナ」と呼ぶ。ジンマ付近一帯はカファ（Kaffa）地方と呼ばれているが、コーヒーの名前はこの地名から由来したものである。

アガロ付近では、摘んだコーヒーの実を入れた五〇キログラム入りの大袋を肩に担いだ男たちが列をなして集荷場をめざして歩いていた。集荷場からジンマに集められたコーヒー豆は、トラックでアジスアベバに運ばれ輸出される。コーヒーはこの国の全輸出品の六〇パーセントを占めており、国の経済のなかでコーヒーの占める位置は重要である。アガロの市場の活気もその反映にちがいない。現在では東南部のハラル付近でも栽培が多く、良質のコーヒー生産地となっている。

アガロからさらに西へ五〇キロ、デンビまで行く。郊外の一農家を訪ねた。家のなかでは男たちが数人集まってコーヒーを飲んでいた。仲間に加わったわれわれにもコーヒーの茶碗が回された。ここでは塩を入れて飲んでおり、独特の風味があって、なかなかよかった。

どこへ行っても農家や民家のまわりに木の臼が転がっている。炒ったコーヒー豆をこの臼に入れ、満月のウサギが持っているようなたて杵で砕く。そして丸い壷のような容器に入れ、水を加えて時間をかけてコトコトとコーヒーを沸かしている。エチオピアで飲んだコーヒーはこくがあり、日本で飲む薄いものは頼りなくて比較にならない。

珍しいエンセーテバナナ

ジンマ付近にはまたエンセーテバナナ（アビシニアバナナ）（*Ensete ventricosum*）の栽培が多い。このバナナはエチオピア西南部の住民の主要な食物であり、膨れた茎の基部からでんぷんを採るという。いったい、どんなバナナなのだろうか。これは出発前からの関心事のひとつであった。丘の上にある農家はこのバナナの林で囲まれ、いままで旅をしたどの地方の農村風景ともかなり趣を異にしている。

ジンマより南に約一三キロの、とある農家を訪ねた。丘に登る道をたどると、両側がバナナ畑になった一軒の農家があった。さらに進むと家の裏にもバナナ畑がある。左手に小さなバナナ畑に囲まれた三軒の農家があり、そこで若い男が機を織っていた。案内を請うと、お椀帽を被ったこの家の主が出てきた。オモロ人である。来意を告げてバナナを一株買い、そこでのでんぷん採取法を見せてもらうことにした。

この主はバナナ畑に入ってよさそうな一株を選んだ。ジンマで雇ったタクシーの運転手が通訳となり、福井隊員が彼に質問を浴びせる。選んだ株は高さ約五メートルである。まず鍬で根際を掘って横倒しにする。根際の直径五〇センチ、直径一～一・五センチの根が約三五〇本出ている。葉の長さは三五〇センチ、根際から葉の付け根まで葉鞘の長さが一六〇センチ、茎の基部のもっとも膨れた部分が直径七〇センチという値を得た。

伐り倒すと数枚の葉をはがし、もっとも膨れた部分を鎌を用いて横切りにする。するとでんぷんの詰まった真っ白い組織が現れた。この部分にもっとも多量のでんぷんが含まれているが、葉鞘の部分や葉の主脈にもかなりのでんぷんがある。それらを竹製の用具でかきとるように集める。つぎに、この集めた組織の塊をバナナの葉に包む。包んだものを土中に埋めて約二週間放置する。自然発酵して葉のなかに包んだ塊は餅状になる。一日陽の光にあてて乾かし、再びバナナの葉に包んで土中に埋め、二週間ばかりおく。このようにしてできた餅状のものを火で焙って食べる。かきとった組織塊から液汁を搾り出し、それから上質のでんぷんをとることも行われているようであるが、この農家ではその方法を見ることができなかった。

このバナナの繁殖は、でんぷん貯蔵組織を取り去った根際の部分を土中に埋めておけばよい。そこから一〇〇～二〇〇本ほどの新芽が出る。それを移植し、さらに大きくなると、定植する。六～一〇年たつと食用として利用できる大きさになる。バナナといっても果実はほとんど利用価値はない。また花が咲くと株は枯死するといわれている。われわれも非常に稀にしか花序を見かけなかった。

エンセーテバナナの栽培地域はエチオピア西南部に局限されている。このバナナはこの地方に住むグラゲ人、シダモ人、カファ・オモロ人などの農民の大切な主食素材である。その点で、この作物はエチオピア独特の根栽植物であるといえる。

このバナナの葉は家の屋根や軒を葺く材料になる。また地上部から非常に上質の繊維がとれるので、

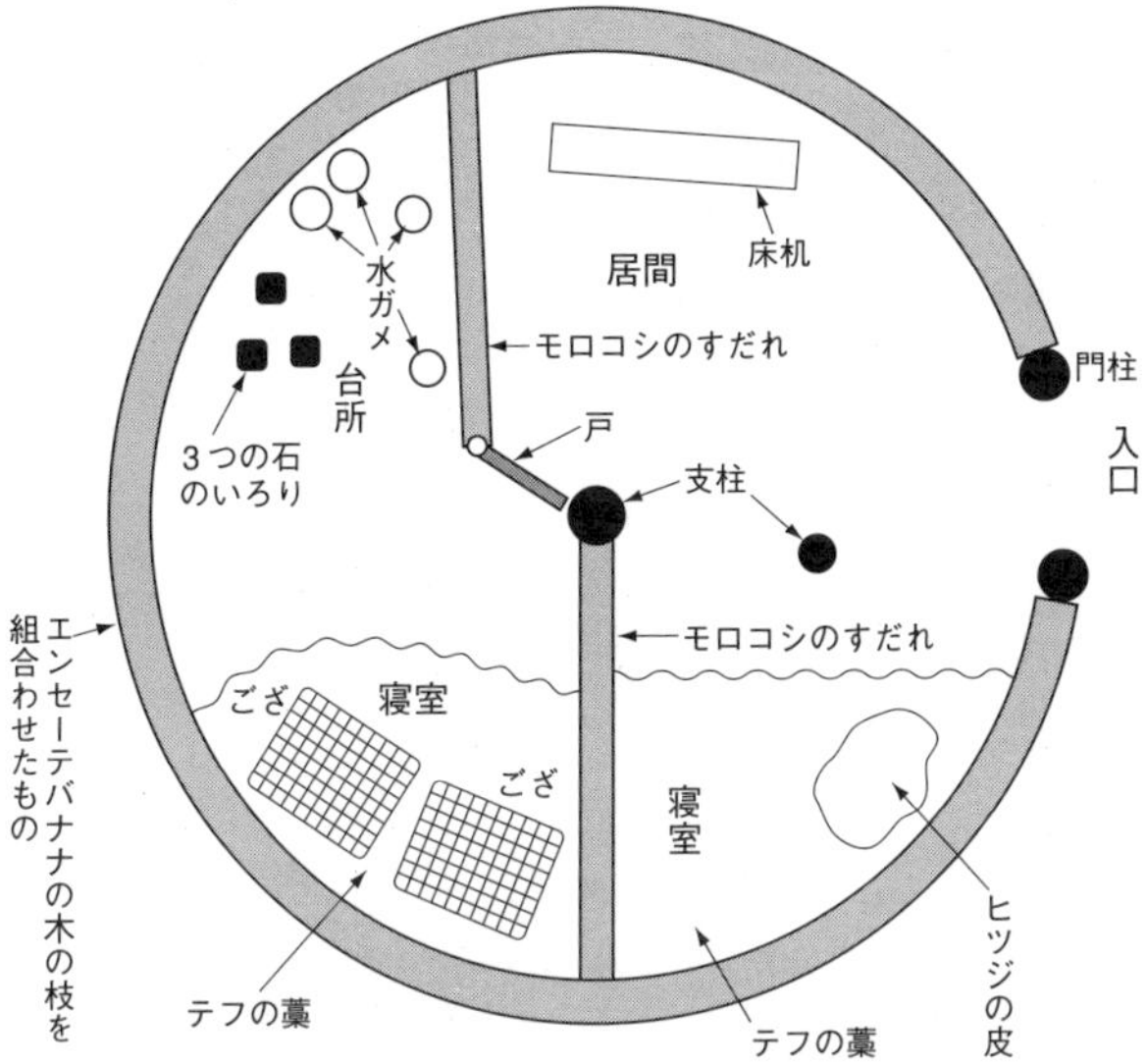

図3　エチオピア・ジンマ郊外の1農家の平面図

天井の高さ3m80cm、家の直径2m80cm。
（阪本、1969）

エンセーテバナナを主食にしている家族と著者

この国の大切な繊維作物でもある。時折、農家の庭に白い繊維がひろげて乾かしてあるのを見かけることがあった。でんぷんをとるために液汁を搾った後の繊維を干しているのかもしれない。

われわれがバナナに熱中していると、女や子どもたちが次第に家から顔を出して、われわれの挙動を観察しはじめた。水ガメを背負った娘たちが水汲みの手をやめて、やや遠くの方からじっとこちらの様子を見物していた。調査が一段落つくと、農家の主人がコーヒーに招待してくれた。

家のまわりには、アビシニアガラシ、コーヒーノキ、チャット、キャッサバ、サトウキビ、タバコ、レモングラス、キク科の香料植物、ゲショなどが少しずつ植わっている。

ふつうは、なかなか家のなかに入れてもらえないが、そこをうまく奥さんに取り入って、次第に家のなかに入り込み、家の構造や間取りや家財道具を見せてもらった。家の間取りは図3のようである。入り口以外にどこも窓は見あたらない。屋根はエンセーテバナナの葉で葺いて円錐形になっている。内部は居間、寝室、台所に分かれていて、モロコシのすだれで区切ってある。居間には床机がひとつ置いてある。寝室にはテフの藁を敷き詰めてあり、その上にヒツジの皮があった。台所には大きな水ガメひとつと小さな水ガメ三つ、そして炉は三個石を置いた簡単なものであった。

家財道具を調べているうちに、部屋の隅で不思議なものを見つけた。下駄だ。台の長さ二七センチ、幅一〇センチ、台の厚さ七センチで、一枚板でできているが、ちゃんと厚さ五センチの歯もついていた。名前を聞くと「トレカビ」という。遥かなアジアの東の端の島国から来たわれわれと、エチオピア西南部の田舎の片隅でしきりとコーヒーをすすめてくれる農夫たちとの間に共通の特殊な文化があったのだ。いったい、下駄文化はどんな分布をしているのであろうか。

シダモ人をたずねて

トレカビと呼ばれる下駄

いよいよ予定の滞在もあと半月を余すのみとなった。二月二六日、最後の南エチオピア旅行に出発した。大地溝帯のサバンナを南下し、シャシャマネ付近のシダモ人の生活を探るのが目的である。大地溝帯に入ると、標高一七〇〇メートルの広大なサバンナが現れ、傘型をしたアカシアの林が果てを知らない。また、ここは湖水地帯でもあり、林に湖面が見え隠れする。

サバンナの野生植物には棘が多く、人の背丈ほどあるアリ塚の塔が立ち、農家が散在する。ウシの群れを追う牧童の姿が木陰に消える。黒曜石の小さな石器のようなものを拾った。その日は、シャシャマネの手前のランガノ湖畔にテントを張った。夜半になって雷鳴がとどろき渡った。

翌朝、サバンナ帯をさらに進むと、市場に急ぐ女たちが道端に連なって歩いている。シャシャマネより道を西にとると、サバンナを拓いたトウモロコシ畑が多い。タロイモの畑を初めて見る。マゾロ村の広場でもこのイモを売っていたが、葉がやや細長い。シャシャマネ付近の高地になると急にエンセーテバナナの栽培が多くなる。シダモ人の生活圏に入ったのであろう。ビャクシンやイヌマキの仲間の大木が昔の森林の面影を止めていて、植生が目立って豊かになる。雨量が多いにちがいない。

ウオンドの南一五キロで二三〇〇メートルの高地に上る。このあたりはシダモ人の農家が林のなかに見え隠れする。車を停めると、槍を持った男たちが近づいてきた。われわれ一行をともなって生育のよいエンセーテバナナの林を分け入り一軒の農家に案内した。農家は丘陵部の中腹にあり、谷を隔てた向こうの尾根にもバナナに囲まれた農家が見える。斜面は家畜の放牧地となり、谷間にはアビシニアカイコウズ（*Erythrina abyssinica*）の花が咲いていた。

家に入ると居間兼台所があり、石を三つ並べた囲炉裏端で奥さんがコーヒーを沸かしていた。オオムギを炒ったものをすすめてくれた。これを頬ばりながら塩味のコーヒーを飲むと、なかなか乙な味がした。家のなかは窓がなくて火影をたよりに見回すと、入り口を入って左側は家畜を追い込む部屋になっている。居間の奥を仕切って寝室になっているようだ。居間の片隅、つまり奥さんの座っているうしろには、穀物貯蔵用の大きな土の壺が置いてあった。見上げると、天井には簡単にタケを渡して、そこにオオムギの麦芽が保存してあった。

その夜は再びランガノ湖畔でキャンプした。白砂と美しいアカシアの林と突き出た岩山に東洋的な雰囲気が感じられ、調査旅行の最後の夜にはふさわしい場所である。近くの村から調達したヤギ一頭を料理し、火を囲んで盛大な野営の宴をひらいた。焼肉の匂いをしたって、ハイエナの遠吠えがだんだん近づき、焚き火を取り囲んだ。そんな雰囲気のなかにいると、アフリカにいるのだという、ある種の感慨がこみあげてきた。夜も更けると歌も止み、聞こえるものは無意識の波の音だけだった。

アジスアベバに帰って一週間は、採集品のリスト作成、大学の農業試験場へ採集品の分譲、船に積むための荷造り、国外持ち出しの許可証の申請と、忙しく過ごした。あと数日でアジスアベバを発たねばならない。

三月一〇日、もう一度エントト山に登ってみた。何度か降った雨で山肌はすっかり緑色に変わり、ムギ畑の収穫もすでにすっかり終わっていた。頂上から見渡すと、付近の山々には重たい雲が垂れ込めて、小雨季の到来を物語っていた。あたりの景色に名残を惜しみながら、三ヶ月のエチオピア高原に別れを告げた。

農家で聞き込み調査をする福井勝義隊員

II

雑穀をたずねて

雑穀と私の出会い

雑穀と私の出会いは、アフリカ東北部のエチオピア高原においてであった。もっと正確にいえば、いまから三七年前の一九六七年一二月二九日、エチオピアの首都アジスアベバから五〇キロ南にあるデブレゼイトのさらに四キロ南に下ったところで、一面に広がったテフの畑に佇んだときである。草丈わずか二〇センチのテフの穂を手に取ると、小さな小さな種子がパラパラと手のひらに落ちた。これを粉に碾いて伝統的な主食であるインジェラというパンがつくられているという話は聞いてはいた。どうしてこんな小さな種子をつけるイネ科植物がこの国のもっとも重要な穀類なのか。とても信じることができなかった。

この旅（第Ⅰ部参照）のもっとも大きな目的は、この高原で知られているコムギやオオムギの多様なタイプのものを調べ、それらを収集することであった。イネ、コムギ、オオムギ、ライムギ、エンバク、トウモロコシ、——いままで私の頭のなかにあったイネ科穀類の前に、テフが突然現れた。これが穀類なのか。最初はそれを信じることは、とてもできなかった。この旅で、私は生まれて初めてアフリカ独自の穀類であるテフをはじめ、シコクビエ、モロコシ（ソルガム）、トウジンビエの栽培をこの目で見た。これらは一般に「雑穀」と呼ばれている穀類の仲間である。私の雑穀研究は、テフの素朴な美しさにとても強く惹かれたことが、そのきっかけである。

雑穀を調べよう

エチオピアから帰った私は、日本にも雑穀が栽培されているにちがいない、これを調べてみようと思いたった。当時、私は静岡県三島市にある国立遺伝学研究所に勤務していた。

ここは日本の遺伝学のメッカともいわれていたが、国際的にみると、その当時この分野では、遺伝子の本体であるＤＮＡの遺伝暗号（コドン）の解明が最終段階を迎えており、研究所内はＤＮＡの話なしには夜も昼も明けないという雰囲気であった。

そのころ私はここで、コムギやオオムギに近縁の雑草の生態型分化や、ムギ類の属するコムギ連植物の属間・種間の遺伝的関係と系統分化の仕事をおこなっていた。そのため、一九六六年には京都大学コーカサス植物調査隊の一員として参加し、アゼルバイジャン、アルメニア、グルジアで、野生と栽培のコムギやオオムギ、それらの近縁野生植物の調査・収集に従事した。私にとってこれが最初の海外調査であり、見知らぬ地で見知らぬ植物に出会って、たいへんな興奮状態にあった。前に述べたエチオピア行も、このときの経験が評価されたようであった（第Ⅰ部参照）。

しかし、私のような研究はすでに古典的と位置づけされていたので、これではと思い、所内の遺伝

焼畑一面にソバの花ざかり（高知県大豊町）

暗号勉強会にも参加していた。こんな場で「雑穀」なんぞ持ち出せる雰囲気は皆無であった。

エチオピアから帰ってまもないころ、風邪をひいて三島市内のある医院に出かけたことがあった。待合室で、『中心』（一九六八年九月号、No.三七五）という小冊子が何気なく目に留まった。そのなかに、大浦孝秋「種子こそ生命の元」なる小文が掲載されていた。ふと読むと、「日本にも今もって米を食わず、肉、卵、魚をとらず、粟、ヒエ、キビ、トウモロコシ、ゴマ、ソバなどの種子を食って、村中平均七人、多い家は一二人、一本のミルクも買わず子を育てている村がある。山梨県北都留郡上野原棡原（ユズリハラ）村である。この村には昔から病人がない。八〇歳以下で死ぬ人もない」という一文を見つけた。いまでも日本に雑穀を栽培している長寿村があるのだと思わず心が躍った。

一九七一年、京都大学農学部に植物生殖質研究施設が新設された。この施設は、京大のコムギ研究の伝統をふまえてできた研究機関で、栽培植物起原学部門が設置されていた。その翌年二月、私はその助教授に採用され、三島から京都に移り住むことになった。私はここでコムギの仲間の研究を続けるとともに、いまこそ雑穀を調べるチャンスが到来したと信じた。幸いにも、コムギ類は冬作（秋～春）であり、雑穀は夏作（春～秋）なので、一年中フルに仕事ができるのではないかと考えた。エチオピアから帰って五年間、私は心のなかで暖めてきた計画を早速その年の秋に実行に移すことにした。

雑穀とは

雑穀とは何か。たとえば、『広辞苑』（新村出編、岩波書店、一九五五）を引くと、雑穀とは「①米・麦以外の穀類、②豆・蕎麦（そば）・胡麻などの特称。ざこく」と書いてある。

また、農学関係の専門書をみると、たとえば、小原（一九四九）には、シコクビエ、アワ、キビ、ヒエ、トウモロコシ、ハトムギ、ソバ、ライムギ、ダイズ、アズキ、ゴマ、モロコシの一二種が含まれており、澤村（一九五二）は、シコクビエ、トウジンビエ、アワ、キビ、ヒエ、トウモロコシ、ハトムギ、ソバの八種を記載しており、研究者によってその意味するところは、まちまちであることがわかる。つまり、雑穀という用語はきちんと定義されていない言葉といえる。

これでは研究上たいへん困るので、「イネ科穀類のなかでも、アワ、キビ、ヒエなどの総称で、英語のミレット（millet）の訳語である」と考えた。そして、「小さな種子をつけ、おもに夏雨型の半乾燥気候、熱帯または亜熱帯のサバンナ的な生態条件や温帯モンスーン地域で栽培化され、夏作物として栽培される一群のイネ科穀類」と定義してみた。日本語になぜミレットに対する訳語が存在しないのか、それには興味ある文化的理由がある。

日本で古くから栽培されてきた雑穀の代表的なものはアワ、キビ、ヒエであるが、個々の雑穀には、それぞれ固有の呼称がつけられている。しかし、それらを総称する適当な言葉が見つからないので、やむなく「雑穀」と呼んでいる有様である。

これにたいして、たとえば英語には雑穀にたいして millet という総称が存在する。しかし、おもしろいことに栽培種それぞれには、固有の呼称は見あたらない。したがって、アワは foxtail millet、キビは common millet、ヒエは barnyard millet というふうに、millet とそれを形容する言葉の複合語となっている。

これと対照的に、日本ではコムギ、オオムギ、ライムギなどは、「麦」に「小」「大」「ライ」をつけた合成語であり、それぞれ固有の呼称は存在しないが、それらを「ムギ類」と総称している。ところが英語ではムギ類にたいしてwheat（コムギ）、barley（オオムギ）、rye（ライムギ）というふうにそれ

収穫して乾燥中の穀類　左からタカキビ（モロコシ）、トウキビ（トウモロコシ）、およびコキビ（キビ）（高知県本山町）

ぞれ固有の呼称があるが、おもしろいことに、日本のムギ類に相当する総称は、英語には存在しない。

このことは、東アジアでは雑穀類がムギ類よりもその栽培の歴史が古く、逆にヨーロッパにおいては、ムギ類が雑穀類よりもその歴史が古く重要なものであったことを示唆するものであろう。呼称にみられるこのようなちがいは、これら二群の穀類の歴史と文化が対照的であることを反映していると考えられて興味深い。

このような考えのもとに、世界で栽培されている雑穀を表示すると、二〇種に達した（表2）。むろん、まだ調べられていない未知の雑穀が存在する可能性は残っている。このようにみると、雑穀とは、イネ類、ムギ類、エンバク類およびトウモロコシを除くすべてのイネ科穀類を包含する大きな作物群を形成していることがわかる。

表2　20種の雑穀の所属、呼称、染色体数および地理的起源

栽培穀類名	呼　称	染色体数	地理的起源
Tribe Andropogoneae（ヒメアブラススキ連）			
Sorghum bicolor Moench	モロコシ	2n = 20（2x）	アフリカ
Tribe Chlorideae（ヒゲシバ連）			
Eleusine coracana Gaertn.	シコクビエ	2n = 36（4x）	東アフリカ
Eragrostis abyssinica Schr.	テフ	2n = 40（4x）	エチオピア
Tribe Festuceae（ウシノケグサ連）			
Bromus mango E. Desv.	マンゴ	2n = −	南アメリカ
Tribe Maydeae（トウモロコシ連）			
Coix lacryma-jobi L. var. *ma-yuen*（Roman.）Stapf.	ハトムギ	2n = 20（2x）	東南アジア
Tribe Paniceae（キビ連）			
Brachiaria deflexa（Schumach）C. E. Hubbard	アニマルフォニオ	2n = −	西アフリカ
Brachiaria ramosa（L.）Stapf.	コルネ	2n = −	インド
Digitaria cruciata（Nees）A. Camus	ライシャン	2n = −	〃
Digitaria exilis（Kippist）Stapf.	フォニオ	2n = 54（6x）	西アフリカ
Digitaria iburua Stapf.	ブラックフォニオ	2n = −	〃
Digitaria sanguinalis（L.）Scop.	マナグラス	2n = −	ヨーロッパ・インド
Echinochloa frumentacea Link	インドビエ	2n = 54（6x）	インド
Echinochloa utilis Ohwi et Yabuno	ヒエ	2n = 54（6x）	東アジア
Panicum miliaceum L.	キビ	2n = 36（4x）	中央アジア～インド
Panicum sonorum Beal.	サウイ	2n = −	メキシコ
Panicum sumatrense Roth.	サマイ	2n = 36（4x）	インド
Paspalum scrobiculatum L.	コド	2n = 40（4x）	〃
Pennisetum glaucum（L.）R. Br.	トウジンビエ	2n = 14（2x）	アフリカ
Setaria glauca（L.）P. Beauv.	コラティ	2n = −	インド
Setaria italica（L.）P. Beauv.	アワ	2n = 18（2x）	中央アジア～インド

（阪本、2001b）

第1章 日本の山村から

四国山村へ

まず、四国の山村を調査しようと考えた。その理由は、エチオピアへ同行した福井勝義氏（当時、東京外国語大学アジア・アフリカ言語文化研究所）が、一九六九年春から高知県吾川《あがわ》郡池川町椿山《つばやま》で焼畑の村の調査を行っており（福井　一九七四）、それとともに四国一円の焼畑について各県の農林水産部の協力を得ておこなわれたアンケート調査結果が彼の手元にあり、また私も一九七一年八月椿山を訪ねてヒエの栽培を観察していたので、四国のどの地方を訪れればよいか、おおよその見当をつけることができたからである。

そこで福井氏を誘って一九七二年一〇月二日〜九日に、徳島県東祖谷山村《ひがしいややまむら》・山城町、高知県大豊町《おおとよちょう》・本山町・大川村《おおかわむら》・土佐山村・吾北村《ごほくそん》・本川村《ほんがわむら》・池川町を訪れた。私は雑穀の調査収集に主力をおき、福井氏はサトイモと農具を調べることにした。

さらに、翌年の秋（一〇月一八日〜二七日）には、河原太八氏（京都大学農学部）を誘って、去年果たせなかった愛媛県久万町《くまちょう》・美川村《みかわむら》、高知県吾川村《あがわむら》・池川町・大豊町・および物部村《ものべそん》、徳島県木頭《きとう》村《そん》・上那賀町《かみなかちょう》・木沢村《きさわそん》および一宇村《いちうそん》の農家を訪れた。河原氏はサトイモの調査収集を分担した。

このころ、四国の山村地帯は近代的な道路の建設中であり、とくに四国山脈の山間の多くの集落は、山の斜面の中腹に位置しているので、谷間に車を止め、リュックサックを担いで山の斜面を登り、しばしば農家に泊めていただいた（口絵）。そして、山の中腹を縫って結ばれた小径に沿って近くの集落を訪ね、夜は夕食後、農家の人びとから山の生活、生業、焼畑、作物などについて、いろいろと興味深い話を聞くことができた。また、場所によっては、谷間の幹線道路から集落までの道路工事が進んでいたが、工事現場まで車で入りそこから集落まで歩いた。

暮らしのなかの雑穀

訪ねた山村のうち、一例として、高知県香美郡《かみぐん》物部村の雑穀栽培を紹介したい。

高知から東へ土佐山田を過ぎて、物部川を遡上し四ツ足峠に通じる国道一九五号線（土佐中街道）を、長瀬ダムに沿って東進した。途中、大栃《おおどち》から上韮生川《かみにろうがわ》に沿って北上すると、物部村の中心部に達

常畑に栽培されているアワのシモカツギ群

する。まずこの川の支流である笹川を遡ると明賀《みょうが》という集落にいたる。

ここには、イネ、トウモロコシ、タカキビ（モロコシ）、ソバ、サツマイモ、サトイモ、アズキ、インゲンマメ、ラッカセイ、ネギ、トウガラシ、チャ、ミツマタなどが栽培されていた。有芒のヒエがわずかに一農家の畑のなかに二株、納屋の前に三株が生えていた。農家の人に聞くと、一五年前まではアワやヒエを焼畑につくっていたが、いまは植林してしまい、ミツマタの栽培も少なくなり、出稼ぎにゆく人ばかりであるとのことだった。

笹川に沿って五王堂《ごおうどう》まで戻り、上韮生川の最奥の集落である久保影《くぼかげ》と久保和久保《くぼわくぼ》を訪ねた。尾根筋に近い山の林はすでに紅葉に映え、秋気が身に沁みるほどであった。

久保影では、農家のまわりの常畑《じょうばた》に穂が大きく太くて晩生でモチ性のアワが栽培されていた。この畑を耕す七八歳のおばあさんに聞くと、「このアワはここでは『シモカツギ』と呼ばれていて、五月ごろ播き、一〇月末か一一月はじめに収穫し、お正月に粟餅をつくる。シモカツギというのは、一〇月下旬になるとこのあたりは山間で気温が下がり、霜が降りてアワの穂があたかも背中に霜をかついだようになったとき収穫できるので、この名がある」と、教えられた（シモカツギについては、あとでくわしく述べる）。またここでは、モチ性で、種皮の色が褐色のコキビ（キビ）が畑に栽培されており、それを収集できた。

久保和久保では、集落のやや上の斜面の雑木林を伐り開いて、ごくわずかの焼畑があり、そこに、前に述べたシモカツギというアワが、秋ソバやトウモロコシとともに栽培されていたが、トウモロコシはすでに収穫済みであった。また農家のそばの畑にはごくわずかのヒエが育てられており、またすでに収穫したキビが軒に吊るして乾燥中であった。

そこからさらに山の斜面を登ると、ひっそりと佇む一軒の古びた農家があり、そこに住む六九歳の古老に話を聞く。この付近は切畑《きりはた》（焼畑）のさかんな村であったが、一〇年ほど前から山は焼かなくなった。昔はヤチマタビエと呼ばれるシコクビエもつくっていたが、苗床で苗を仕立てて畑に移植し栽培した。粉に碾いてお茶で練って食べたり、団子をつくったとのこと。この古老から、タンガという穂の短いアワ、オノコジョウという有芒のヒエ、ツマカクシという無芒のヒエならびに四穂のトウモロコシの分譲を受けた。

この地方ではトウモロコシはトウキビと呼ばれていたが、三穂はウルチ性で、黄色と赤褐色の種皮の穀粒が斑についているもの、やや淡黄色のもの、ならびに橙色に近い穂のものであった。そして、たいへん興味あることに、残りの長さ一〇センチほどの小さい穂は、種皮が真っ黒に近い濃紫色のモチ性のトウキビであり、古くからこの地方に栽培されてきた在来の品種であった。

焼畑とともに消え行く雑穀

一九七二～七三年に四国の山村を旅したが、訪れた集落数をまとめてみると、愛媛県一〇集落、高知県三二集落、および徳島県一三集落の合計五五集落（図4A）であり、そこで雑穀の調査収集をおこなったことになる。

この調査ではおもに、アワ、キビならびにヒエを対象にしたが、アワはもっとも多く二八集落（図4B）で収集できたが、ついでキビが二二集落（図4C）、ヒエが一三集落（図4D）であった。

雑穀の収集地点は四国山地の焼畑分布図（佐々木　一九七二）とほぼ一致したが、このことは、おそらく近年までさかんに焼畑農耕がおこなわれた四国山地の南北斜面に、雑穀がいまなおよく残存していることを示していた。

しかし、どの集落においても雑穀の栽培量は少なく、七〇歳以上のお年寄りによって、農家のまわ

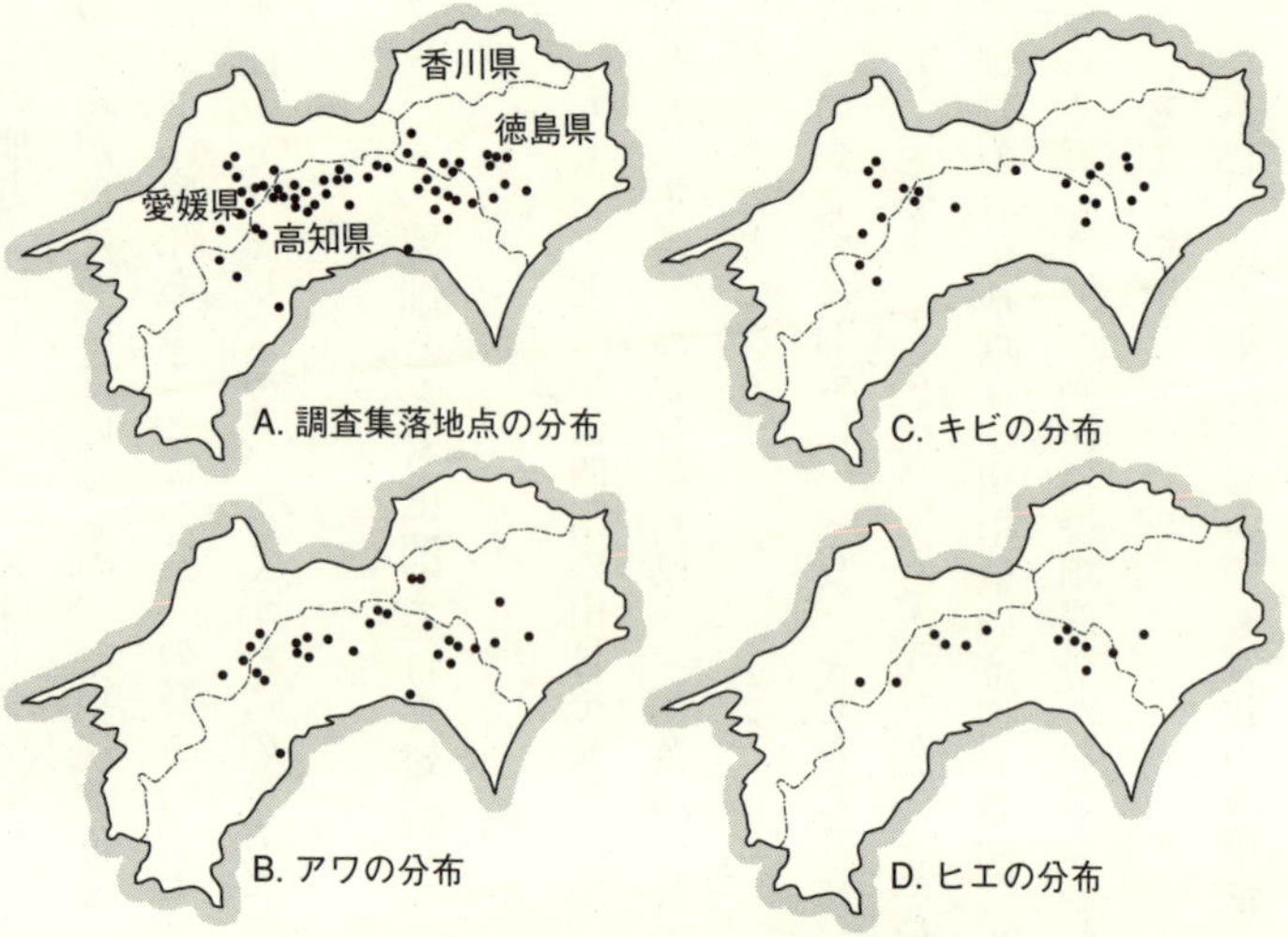

図４　四国地方山村における雑穀の栽培状況
（阪本、2001a）

りの常畑にごくわずか自家用にのみ栽培されている場合が多かった。

アワとキビにはウルチ性とモチ性のものがあるが、四国で集めたアワ二八サンプルのうち、一サンプルはウルチ性であったが、他はすべてモチ性であった。また収集したすべてのキビはモチ性のみで、ウルチ性のものはなかった。

ウルチ性のアワはご飯に炊いて食べられた。モチ性のアワとキビはモチ米と混ぜてせいろで蒸し、搗いて餅にして食べられた。ヒエはまず鍋で炊くと皮がはがれやすくなるが、これをカラカラになるまで乾し、臼で搗いて皮を取り除き、米と一緒に炊いて食べられた。

アワ、キビ、ヒエなどの雑穀は、イネの栽

培できなかった山村では、主要な穀類としてその地域の食生活を支えてきたが、一九三九年実施された米の配給制度の普及、道路建設による山村生活の近代化とともに米が持ち込まれるようになったこと、ならびに近年の山村の過疎化によって、これらの雑穀の栽培は、焼畑の減少とともに、急激になくなってしまった。

今回の四国山村の調査でも、米の代用であったヒエは急速に栽培されなくなり、アワとキビについてはモチ性のものが、餅に搗いて食べるという特別の用途のために栽培され続けてきたという状況になっていたことが明らかになった。

この調査では、シコクビエは収集できなかったが、いままでにその栽培が知られていた一宇村および東祖谷山村と県境を接する高知県物部村の古老から、シコクビエの呼称、昔の栽培法や利用法を聞くことができた。

雑穀の比較研究へ

一九七二年の四国の調査を終えたころから数年間のうちに、フィールド調査専門の方々がその調査地域で栽培されている作物を収集され、私の研究室に分譲してくださった。それらのうち、おもなものを表示すると、表3のようである。

とくにアワのサンプルが多かったので、これらのものと、一九七二～七三年四国山村で収集したアワ二八サンプルの特性を比較するために、一九七四年に栽培して調査することを試みた。

播種箱に種子を播いて発芽してきた芽生えを観察すると、四国地方で収集したアワのなかに、一見して葉が丸い感じがするものがあったので、明らかに他のサンプルと区別できる特異なアワが一〇サンプルあることがわかった。このアワをさらにくわしく調べるために、四国で収集した他の一八サンプル、秋山郷三サンプル、五木村の七サンプル、台湾南部山地・キヌラン村の一二サンプル、同じく正興村の一三サンプル、およびフィリピン・バタン諸島の六サンプルとともに、圃場およびガラス室に植えて比較調査をおこなった。

この一〇サンプルのアワはまた、出穂期（播種日の翌日より出穂開始日までの日数で示す）を調べると、非常に穂が出るのがおそくて晩生（おくて）であった。芽生えの第四番目の葉の長さと幅の比率と出穂期の二つの特徴を座標軸にとって、比較した全サンプルの値をグラフに示すと、図5のようになり、明らかに四国の他のサンプルや、用いた他の地域のすべてのものと異なるアワであることがわかった。

これらの一〇サンプルは、高知県吾川郡および香美郡ならびに徳島県那賀郡で収集されたものであることがわかった（図6）。とくに香美郡物部村久保影および久保和久保では、この付近にごくわずかに残っていた焼畑や、農家のまわりの常畑に栽培されていた。このアワが非常に晩生であるという

表3　フィールド調査の専門家から得られた
栽培作物のサンプル

研究者名（敬称略）	調査地域	収集サンプル	アワのサンプル数
佐々木高明	台湾・キヌラン村	16	12
福井勝義	熊本県・五木村	22	7
宇野文男	フィリピン・バタン諸島	17	6
小林央往	長野県・秋山郷	19	3
松澤員子	台湾・正興村	13	13

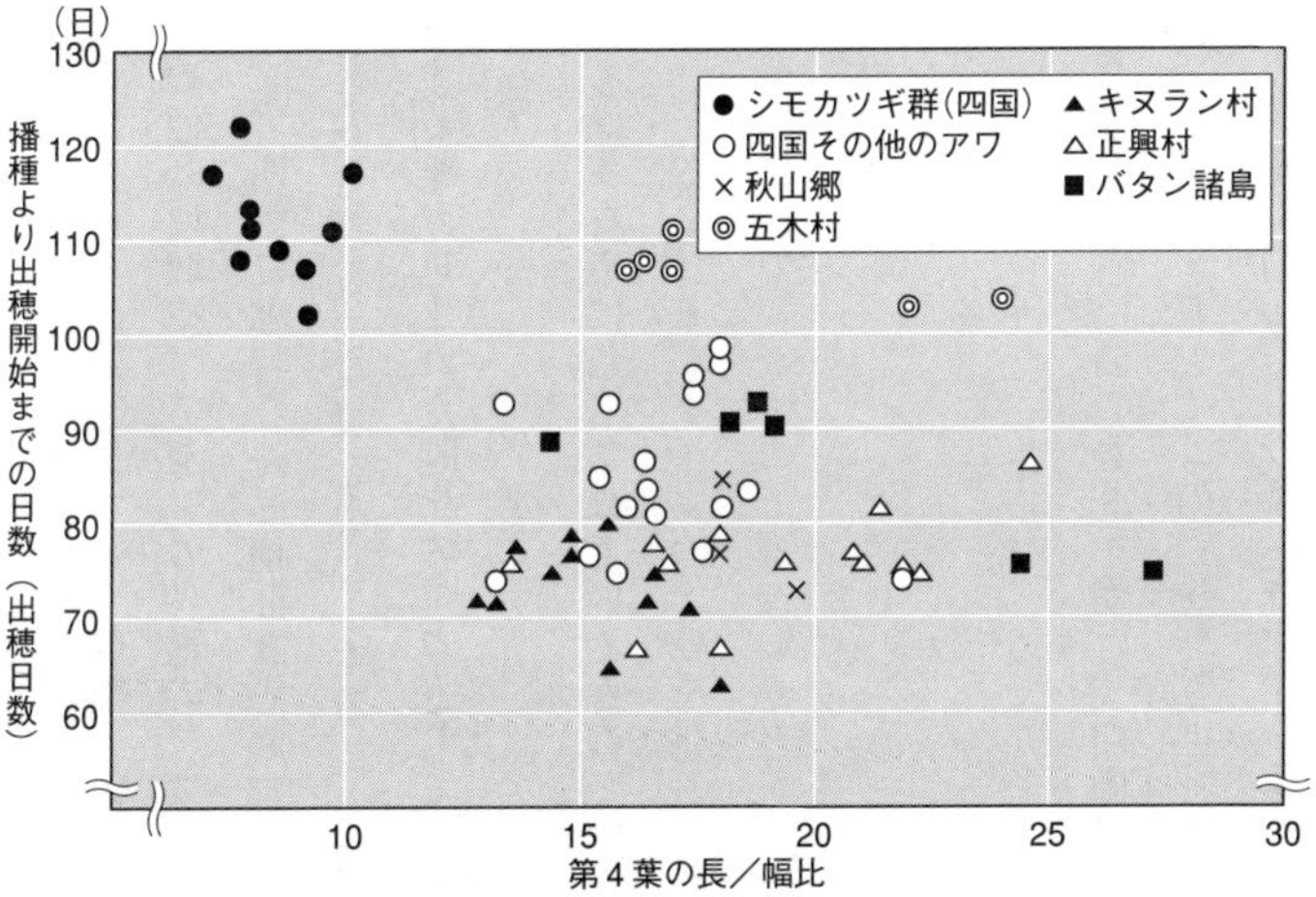

図5　アワの第4番目の葉の長さと幅の比率と出穂日数の相関
（阪本、2001a）

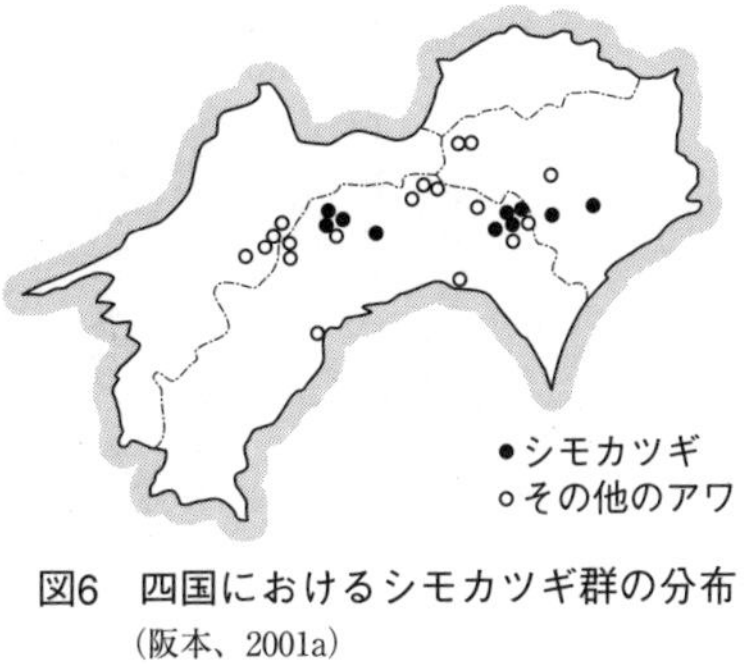

図6　四国におけるシモカツギ群の分布
（阪本、2001a）

特徴と、前に述べた、農家での呼称とがぴったりとよく合致していた。それでこれらの一〇サンプルのアワを「シモカツギ群」と名づけて他のサンプルと区別した。

しかも、このアワは日本の他の地域や、アジアの各地のアワを調べても、これとまったく同じ型のアワはいままでに発見できず、四国に独特な一品種群と思われる。おそらく以前は四国中部山村の焼畑に広く栽培されていたと考えられる。雑穀を中心とするこの地方の焼畑農耕の長い歴史のなかで、その作付け体系のなかにうまく組み込まれた晩生のアワとして選択されてできあがった品種群と考えられよう。

雑穀の仕事をはじめたときは、日本に栽培されているものだけを調べてみようと考えていた。しかし、台湾山地から持ち帰られたさまざまなタイプのアワを見るうちに、ユーラシア全域の雑穀を見なければ、日本のそれらの特徴は把握できないのではないかと気づいた。

白山麓の雑穀

一九七二年九月、全国農業構造改善協会の委託を受け、白山麓の石川県白峰村の自然休養村計画にかかわる京都大学農学部コンサルタントチームの一員として、この村を訪ねる機会に恵まれた。私の分担は、この村の特産的自然資源の利・活用の可能性を探ることで、三日間、村内をくまなく歩いた。

白峰村・五十谷の出作り住居とキビ畑

ここは国内でも出作りによる焼畑農業が近年まで行われてきたことで有名であり、また、橘礼吉氏による長年にわたる詳細な実地調査をまとめた『白山麓の焼畑農耕』（一九九五年）という労作によってよく知られている地域である。

出作りとは白山麓一帯に見られた焼畑農業の特色ある農耕様式で、母村となる集落からかなり離れた標高五〇〇～九〇〇メートルの山地に、大型の出作り住居を構え、そのまわりに「ケヤチ」（常畑）をつくり、さらに付近の山の斜面に「ナギハタ」（焼畑）をひらき、そこで主要な食料となるヒエ、アワやマメ類などを栽培する。

勝山に抜ける谷峠に近い五十谷《ごじゅうだに》や大杉谷・苛原《えらばら》には、立派な生きた出作り住居が存在していた。村内にはアワ畑があり、ヒエによく似た植物が道端や放棄された畑に点々と生えているのが目に留まったが、県や村のお役人が同道していたので、それらに気を配るわけにはいかなかった。

それで、四国山村調査の直後、一〇月下旬に白峰村を再訪し、四人の農家の方々を訪ね、焼畑や雑穀栽培の話を聞くとともに雑穀の種子の分譲を受けた。周辺の山肌は紅葉・黄葉の真っ盛りで、植林した杉の緑と際立ったコントラストを見せ、冷えた空気に身が引き締まる想いであった。

まず、大杉谷・大空《おおそら》に住む愛宕富士氏（六〇歳）を訪ねた。ナギハタ（焼畑）には、ヒエ―アワ―豆（ダイズ）―アズキ―ソバをつくったが、一八年前にやめてしまった。「カマシ」（シコクビエのこと。穂の形が枝別れし鴨の足に似るため）は一〇年前まで移植栽培でやったとのこと。

ついで、大杉谷・苛原の長坂吉之助氏（八〇歳）を訪ねた。ここには五～六軒の出作り住居があったが、いまは長坂家一軒のみが残っており、明治五年に建てられた大きな茅葺きの母屋を中心に、物置小屋二棟、倉一棟、それらの反対側に風呂場と逃げ小屋があった。逃げ小屋とは大風が吹いたとき逃げ込む背の低い茅葺きの小屋のことである。いまはアズキとダイズと野菜がつくられていたが、ヒエとカマシは昭和三五年ごろまでつくったとのこと。

ついで、五十谷の尾田清正氏を訪ねたが、ここには母屋二棟と、その間に納屋二棟と便所小屋が建っていた。二枚の畑のうち、一枚には頴果《えいか》の色が濃褐色の「イナキビ」（キビ）が穂を垂れていた。他の畑には、キャベツ、ハクサイ、ミズナ、ニンジン、アズキ、ネギ、ゴボウなどが栽培されていた。

さらに、その北側の山の斜面には四〇坪ばかりの鮮やかな緑色の焼畑が二枚あり、近づくとナナギダイコンが栽培されていることがわかった。この焼畑はその年の八月三日に三人で二時間かけ、イブリを用いて焼き、八月一二日にダイコンを播種したとのことだった。

白峰では火入れ初年目にダイコンやカブラをつくる焼畑を「ナナギ」と呼ぶが、このダイコンは甘みが強く、収穫後「ムロ」(室)という地下貯蔵穴に保存され、漬物、なます、和えものなど、さまざまな料理に用いられた(橘　一九九五)。

五十谷からの帰途、大道谷・堂の森に住む、苅安たまさん(八四歳)を訪ねた。たまさんはかぎりなく優しい、ひとり暮らしのおばあさんであった。この村でカマシを常畑で栽培している数少ないひとりである。たまさんによれば、カマシは五月に播き、九月中旬に穂が赤くなったものから刈り取る。脱穀後は種子を鍋のなかでよく混ぜて焦がさないようにして炒る。その後石臼で挽いて粉にし、熱い湯で練って「イリコ」にして食べる。カマシの穂と種子をいただいた。

オンゾウビエの存在

前に、ヒエのような植物があちこちに生えていることを述べたが、尾田氏に尋ねてみると、「オンゾウビエ」というもので、ヒエが畑に残るとオンゾウビエになるという。たまさんにも聞いてみたが、オンゾウビエは子どものときからあったが、穂が出ないと、これがヒエかオンゾウビエかわからないし、これは食べないという返事だった。

オンゾウビエの草型は栽培型のヒエとよく似ていて、稈《かん》は直立するが、熟すると頴果がバラバラと容易に脱落するので、両者を容易に区別することができる。橘（一九九五）によれば、白峰村では完全に熟したヒエの穂についた穀粒が自然に脱落し、畑地で越冬して翌年の春に発芽して生長し、穂をつけたヒエを「フルセ」と呼び、初年目のフルセは収穫されて食用となる。しかし、二〜三年越冬すると次第に野生化して種実のつき方が粗くなり、脱穀・精白しても苦味があり、食えなくなるオンゾウビエに変化するという伝承があり、このことはいまなお白峰村の古老によって明確に認識されているという。

私の観察したところ、オンゾウビエは熟すると容易に種子が脱落し、ヒエの栽培がほとんど消えてなくなってしまったが、集落近くの空き地や昔の出作り住居付近に生えていた。オンゾウビエは栽培ビエに随伴した雑草なのか、ヒエとイヌビエ、つまり栽培植物と祖先野生植物の雑種起源に由来する植物なのか、あるいはまた、栽培のヒエが畑の外に逃げ出して脱落性を獲得した雑草ビエなのだろうか。ヒエとオンゾウビエの形態的特徴を比べてみると、いろいろな点で異なることから、オンゾウビエはヒエの随伴雑草と考えるのが妥当のようである。同様のものは、新潟県〜長野県にまたがる秋山郷や、奈良県大塔村でも見つかっている（小林　一九八八）。

紀伊山村の雑穀

水田雑草のクログワイの生態型分化を調査していた小林央往氏（当時、京都大学農学部）が、紀伊半島中央部を南北に調査したときに、十津川《とつがわ》流域の大塔村《おおとうそん》を中心とした村々に雑穀が栽培されていることを見出した。そこで、小林氏や、大学院生として入ってきた竹井恵美子さん（現在、大阪学院短期大学）と共同で、一九七六年より奈良県吉野郡西吉野村、天川村《てんかわそん》、大塔村および十津川村における雑穀栽培を現地調査した。

三七集落を訪ねて、二三集落に何らかの雑穀の栽培が見られた。雑穀を栽培している集落は、西吉野村の宗川上流域、天川村の天ノ川流域ならびに大塔村の舟ノ川流域におもに分布していた。この付近の山村はかっては焼畑耕作がさかんであった地域で、また集落周辺には広い常畑が拓けていたところであり、雑穀の栽培がさかんであった。現在はほとんどスギやヒノキが植林されているが、大塔村の諸集落を遠望すると、常畑のあった斜面が景観から推測できるので、いまなお昔の面影をしのぶことができた。

十津川村は広大な面積の村であるが、林業がさかんなためであろうか、雑穀栽培の残存する集落は非常に限定されており、キビおよびモロコシがわずかに見出された。

紀伊半島中部の山村においては、アワ、キビ、モロコシ、ヒエおよびシコクビエの五種の雑穀の栽培が認められた。アワの栽培は多く一五集落で、ついでモロコシが一四集落、キビが一三集落、ヒエ二集落、シコクビエが一集落で栽培されていた。四国山村と同じく、一軒の農家の栽培量はごくわずかで、自家用にのみ利用されていた。

種継ぎをする古老

天川村広瀬で、たった独りで家を守りながらアワを栽培していた七一歳のおばあさんから話を聞くことができた。そのアワはタニワタリという昔からのもので、モチ性で、四月ごろ播き、九月末に収穫するという。調理の仕方は、コメ五合とアワ一升五合の割合で餅に搗いて、おかきにするとのことであった。ヒエおよびシコクビエの栽培はきわめて稀で、この地域では大塔村にのみ残存していた。調査した集落のうちで、とくに舟ノ川の最上流部の集落である大塔村篠原には、五種の雑穀がすべて栽培されており、この集落の福井なつえさん（七七歳）によって、シコクビエが二種類のアワ、キビ、モロコシおよびヒエとともに、毎年注意深く栽培（種継ぎ）されていた（口絵）。

「私が種継ぎしないと、ここからなくなってしまう」と言われた、なつえさんのこの短い言葉に深い感動を憶えた。竹井さんはこの集落に長期滞在して世話になり、くわしい調査をおこなうことができきた（竹井ら　一九八一）。

なつえさんによると、シコクビエの栽培と食べ方はつぎのような手順であった。三月に播種をおこない、二〇センチぐらいになった苗を五月に移植して、九月末か一〇月はじめに収穫する。苗があまり大きくなっているときは、葉の先を切って移植するという。苗床に置くと、小さいままであまり穫れない。好きなときに粉にして水で練ってお汁のなかに入れて食べた。何年置いても虫が食わない。一升播いて四石穫れるからシコクビエといったのだという。

アワにはクロアワとシロアワがあり、クロアワはハク（精白）にしても少し黒く、シロアワは真っ白になる。昔は穂先の分かれたネコノツメやモチ性で穂の長くて赤味がかったタニワタリ（別名ホソビキアワ）など、たくさんの種類があった。

ヒエは昔からつくっていたが、いまは芒《のぎ》のある一種類だけ、叩いて横臼でハクにして、コメ一升にヒエ一合の割で炊くと粘ってうまいという。ヒエも何年置いても虫が食わない。昔はお米がなかったので、秋に山を切り春に焼いてヒエをつくった。キビはマキビと呼んでハクにして餅に搗き、おかきにして食べたという。

第2章 韓国の山村への旅

一九七七〜七八年の二年間にわたり、文部省海外調査費による広島大学「韓国における環境変遷史——農耕の起源と古文化交流」研究日韓合同調査隊に参加する機会に恵まれた。これは旧知で研究代表者の塚田松雄氏の要請によるものであった。

韓国側の研究メンバーのひとり、姜寿遠《カンスウォン》教授（ソウル大学校農科大学）は、私がおよそ二〇年前ミネソタ州立大学へ留学中に親交のあった淡水生物学者であった。そのため姜先生との再会の喜びは大きく、何かと世話になった。

私は韓国の栽培植物、とくに雑穀の調査を担当したが、そのカウンターパートは同じ農科大学の作物育種学の李弘柘《イホンスク》教授であった。この人の先生にあたる李殷雄《イウンウン》教授はこの大学の副学長であり、ミネソタで机を並べて講義を聴いた間柄で、互いに旧交を暖めることができ、まさに奇縁といえた。

雪景色の江原道調査行

一九七七年一一月二九日、降りはじめた雪のソウルをあとに、汽車はアカマツとクヌギの疎林の景観のなかを春川《チュンチョン》に一路向かった。

春川の町の穀物店を覗くと、コメ、オオムギ、ダイズ、インゲンマメ、エゴマなどと共に、アワ、モロコシを売っており、韓国では雑穀がまだ食生活のなかでひとつの役割を果たしていることがわかった。ソウル市内でもそうであったが、食堂でも週一回は雑穀とコメの混飯を出さねばならないという話を聞いた。夜はかなり冷えたが、旅館の暖かいオンドルの入った部屋は実に心地よくて快適。翌朝食卓にアワ飯が早速でてきたのには感激した。

翌日、江原道《カンウォンド》農村振興院を訪ね、とりあえず、そこの研究部長に挨拶に行った。ドアを開けた途端、そこに座っていた人は、ミネソタで親しかった李東石《リトンウ》氏であり、互いにびっくり仰天の久々の再会で、早速つぎの日からの調査行にさまざまな配慮をしてくれた。

ジープで江原道の山間の村を訪ねると、アワやモロコシはすでに収穫が終わり、モロコシの稈を編んだ大きな貯蔵籠に穂のままで納められており、わずかであるが、キビやハトムギも見つかった。白いモチトウモロコシが軒下に束ねて吊り下げられており、その下に木の廻し手のついた大きな石臼が

新雪に覆われた乾燥中のモロコシ（上）とトウモロコシ（下）

ひとつ置かれていた。家のなかで二人の女の人が踏み臼を使ってコメを搗いていた。トントンという透んだ音が、雪景色の冷たい空気を震わせるように聞こえてきた。庭先には収穫の済んだエゴマの枝がうず高く積んであった。

小さな峠をいくつか越えて二、三の集落を訪ね、その日は江陵《アンルン》に通じる国道に面した下珍富《ハジング》に泊まった。翌朝六時に目を覚ますと、気温は零下一三度。やがてまた粉雪が降りはじめ、車輪にチェーンを巻いて原州《ウオンジュ》に通じる山間の旧道を進んだ。一面の銀世界のなかに静まり返った農家を訪ね、アワやモロコシの栽培法や利用法について聞き込みを続けた。体は完全に冷え切ってしまったが、道端の朝鮮人参専門の喫茶店で、蜂蜜を混ぜた生の人参ジュースを飲むと、急に体がポカポカと温まって一息つくことができた。

全羅北道の山村の雑穀

全羅北道の裡里《イリ》には有名な湖南作物試験場があり、ここを訪ねるとイネの研究がさかんにおこなわれていた。それもそのはず、ここから全州《チョンジュ》までは広大な水田地帯で、近代的な稲作農業がさかんなのである。車上から時おり、カササギの巣を載せたポプラの美しい並木が道の両側に続くのが見えた。

そこから萬頃江《マンギョンカン》の支流に沿って東へ山村地帯に入ると周囲の景観は一変し、山はすっかり秋色が深く、山の稜線には雲が垂れ込めて冷気が身に沁みた。標高三〇〇メートルの峠を越えて細洞里《セドンリ》という村に下った。在来系統の黒いヤギがひっそりと草を食んでいる。この付近の農家でモロコシ、アワ、ハトムギを収集した。ハトムギは漢方薬として用いられるが、精白して粥にしたり、粉に碾いて餅をつくるそうである。

村のそばに、馬耳山《マイサン》という名のとおり、馬の耳を二つ並べたような水成岩の奇妙な岩山があった。この近くでは養蚕がさかんで桑畑が多かった。一軒の農家に立ち寄り、二種類のモチアワをもらい受けたが、ひとつは穂全体が長い刺毛で覆われており、年寄りの話では、このアワを山の畑でつくってもスズメに食われない、よい品種だそうだ。

峠をまたひとつ越えて、よく耕された段々畑から水田の広がる月谷里《ウォルコクリ》というやや大きな集落にたどりついた。白、赤、緑、青と色とりどりの農家の屋根が美しい。すでに陽は落ち、夕闇迫る畑で老人がダイズを収穫していた。この老人からモチアワの分譲を受けた。とっぷり暮れた田舎道を車で走り、その日は南原《ナムウォン》の古めかしい旅館に宿泊した。

翌日はそこから全州への道を行くが、アカマツ林の丘が続く景色が美しかった。一軒の農家の庭先をのぞくと、山から集めてきたスギゴケが積んであり、ビニールで覆われていた。造園用に日本に輸出しているのだという。この付近にもアワ、モロコシ、ハトムギが、わずかずつであるが点々と栽培されていた。

済州島のアワ餅

韓半島の南部の沖合いに浮かぶ済州島《チェジュド》は、三多島（女・石・風）・三無島（門・物乞い・泥棒）というこの島の特徴を如実に示す対照的な別名をもつが、水田が少ないこともこの島の特徴としてあげられよう。それを反映してか、夏作の雑穀栽培がまだ比較的よく残っており、また冬作のナタネの栽培がさかんである。時おり小さな体型の済州馬が荷車を牽いて野道を行くのを見かけた。

島の東側の松堂里《ソンタンリ》という村で、珍しくヒエの畑が見つかった。縄で茅葺きの屋根を押さえた農家の中庭に穂摘みしたヒエの穂がかますに入れて積んであった。アワの畑が多く、どの農家にも雑穀が少しずつ栽培されていた。ウルチ性のものが多かった。イネの栽培が少ないので、炊飯して食べるために栽培されているのであった。

西帰浦《ソキポ》で一泊したが、この付近にはミカン、サツマイモ、ニンニクの栽培が多く、またここから眺める漢拏山《ハンラサン》は雄大ですばらしい。キラキラと輝く美しい海岸では、海女たちが岩に寄りかかって手を休めていた。

島の西側は比較的乾燥した畑が多かった。新巌里《シンウオンリ》という村で、ある農家を訪ねると、一七歳まで大阪で育ったという女の人が現れて、流暢な大阪弁で私の質問に答えてくれた。「はるばる京都から来てもろて」と言って、アズキをまぶしたアワ餅(アワの穀粒を粉にして水で練り、サツマイモを切って混ぜ、ふかしたもの)、トウモロコシの粉とコメの粉からつくった半月形の餅をご馳走してくれた。素朴な味を楽しみながら、ひとしきり島の生活に耳を傾けた。同行した姜先生は、「私の方がまるで外国人のようだった」と後で述懐していた。

韓国における雑穀の収集とその利用法

このようにして調査地域は韓国の江原道、京畿道《キョンギド》、忠清北道《チュンチョンブクト》、忠清南道《チュンチョンナムト》、慶尚北道《キョンサンブクト》、慶尚南道《キョンサンナムト》、全羅北道《チョルラブクト》、全羅南道《チョルラナムト》および済州道の九道にわたり、多くの農家を訪ねて雑穀の分譲を受けるとともに、その集落での呼称、ウルチ・モチ性の区別、栽培法（おもに播種期と収穫期）ならびに利用法について聞き込み調査をおこなった。二ヶ年で五種の雑穀、総計二二二サンプルを収集したが、それらはアワ一〇〇、モロコシ九八、キビ一三、ヒエ一およびハトムギ（ジュズダマを含む）一〇サンプルからなっていた。

農家で聞き込みをした雑穀の利用法についてまとめると、アワ、モロコシおよびキビはコメと混ぜて炊いて食べたり、餅（ddock）や飴（yeot）をつくり、また酒の醸造にも供される。モロコシの穂は脱穀後、箒をつくるのに用いられ、稈に糖分を含むサトウモロコシもあり、それから砂糖をとる。また飼料用に栽培されているモロコシもあった。ヒエはコメと混ぜて食べる。ハトムギはおもに薬用に供されるが、ときにはコメと混ぜて炊いて食べたり、餅がつくられる。

済州島・新厳里で食べたアワ餅（左）とトウモロコシ餅（右）

韓国における雑穀のウルチ・モチ性の分布

韓国で収集した雑穀全サンプルの頴果貯蔵澱粉のウルチ・モチ性を調査した。たとえば、アワでは

表4　アワとモロコシにおける韓国の農家の呼称とヨード反応によるウルチ・モチ性判定の一致率

調査年		1977年					1978年						
農家の呼称—ヨード反応 ＼ 地域		江原道	忠清北道	慶尚北道	慶尚南道	済州道	京畿道	忠清南道	全羅北道	全羅南道	慶尚北道	計	（一致率%）
アワ	*mejo* －ウルチ	2	4	2	－	－	4	－	－	5	1	18	61（85.9）
	chaljo －モチ	3	2	8	4	－	5	3	15	3	－	43	
	mejo －モチ	－	－	2	－	－	－	－	－	1	－	3	10（14.1）
	chaljo －ウルチ	－	1	－	－	－	1	2	－	1	2	7	
	計	5	7	12	4	－	10	5	15	10	3	71	71（100.0）
モロコシ	*mesusu* －ウルチ	－	－	－	－	－	－	－	－	－	－	－	53（80.3）
	chalsusu －モチ	6	4	3	6	－	4	7	14	7	2	53	
	mesusu －モチ	2	3	－	－	－	－	－	1	1	－	7	13（19.7）
	chalsusu －ウルチ	2	－	1	－	1	2	－	－	－	－	6	
	計	10	7	4	6	1	6	7	15	8	2	66	66（100.0）

（阪本、1988）

収集した一〇〇サンプルのうち、五八（五八パーセント）がモチ性で、三〇（三〇パーセント）がウルチ性であり、残りの一二パーセントはウルチ性とモチ性の混合したサンプルであった。

各農家を訪ねて雑穀を収集するにあたって、そのサンプルがウルチ性かモチ性かを尋ねた。そのうち、収集サンプルの多いアワとモロコシについて、農家の人の呼称とヨード反応（ヨード・ヨードカリ液による呈色反応）によるウルチ・モチ性の判定との間の一致率を調べたが、その結果を表4に示す。

韓国でウルチはme、モチはchal、アワはjo、モロコシはsusuと呼ばれている。me - ウルチおよびchal - モチが一致している組み合わせで、me - モチおよび chal - ウルチは不一致の場合である。アワでは農家の呼称とヨード反応の対応がついた七一サンプルのうち、八五・九パーセントにあたる六一サンプルで一致しており、一四・一パーセントが不一致を示した。モロコシでは六六サンプルのうち、八〇・三パーセントが呼称とヨード反応が一致し、一九・七パーセントが不一致であった。

穀類のウルチ・モチ性は農家の人にとっては経済性、利用性ならびに農耕儀礼のうえからみて、非常に重要な特徴と考えられる。アワとモロコシの二種の雑穀において、それぞれ八〇パーセント以上という高い一致率を示したことは、韓国においては、これらの雑穀の栽培量は少なくなり、おもに自家用に栽培されているが、長い伝統的な食生活の歴史のなかで築き上げ維持されてきた独自の認識体系が、いまなお農家の人びとによって受け継がれて存在していることを明らかに物語っており、とても印象的な結果を得た。

第3章 ネパール・ヒマラヤの旅

ネパールはその地理的な位置および大ヒマラヤ山脈という自然背景の二つの点で、われわれにはたいへん関心の強い地域である。西はカシミール、北はチベット、東はシッキム〜アッサム、南はインドに接し、ここをひとつの回廊としてヒマラヤ山麓を、野生動植物や栽培植物を含めた種々の文化が伝播したと考えられる。また、気候や植生からみると、タライ地方の亜熱帯から標高七〇〇〇メートルのヒマラヤの峰まで、狭い地域に複雑な気候帯や植生帯を形成し、山系が複雑な地形をつくっている。これらを反映して、ネパールには多様な栽培植物が栽培されている。さらにネパールは植物地理的には、日華区系の西端部にあたり、日本の植物との史的関連の深い地域なのである。

一九七五年秋、東京都立大学が文部省科学研究費を得て、ネパール学術調査隊（代表者：古屋野正伍教授）を企画された段階で、農村部の作物調査の分担依頼があり、ネパール行きが実現した。

ランタン谷に栽培植物をさぐる

九月九日、ネパールの首都カトマンドゥに降り立ち、約一ヶ月間カトマンドゥ盆地での調査のあと、一〇月五日より一七日間にわたるランタン谷への旅にのぼった。

出発の朝早く、カトマンドゥには雨季まだ去りやらぬ雨があり、カカニの丘も雲が垂れ込めてヒマラヤの眺望はかなわなかった。標高二二〇〇メートルのこの丘からくねくね曲がった道を一気に約六〇〇メートルのトリスリガンダキまで下がった。これで一挙に温帯から亜熱帯の谷間に下りたことになる。農家の庭先にバナナ、パパイア、マンゴーが現れた。

トリスリバザールを経てベトラワチまでジープで入った。カトマンドゥからの所要時間四時間。ここからランタン谷をめざし、トリスリガンダキ峡谷の東斜面に沿ってトレッキングを開始した。ベトラワチからマニガオン、ターレ、ドンチェ、バルグ、シャブルの各村を経て、ようやく晴れ上がったランタンコーラに入り、ゴーラタベラ、ランタン、ムンドムを経てキャンジン・ゴンパにいたり、氷河の末端近くの約四〇〇〇メートルのモレーンの丘まで登り、そこからランタンヒマールの主峰、ランタンリルン（七二六五メートル）を仰ぎ見た。

帰路は同じルートを引き返し、一〇月二一日カトマンドゥに帰着した（図7）。

このルートに沿った各集落周辺に見出された栽培植物の調査・収集に従事するとともに、農家を訪れてその集落の農業慣行や利用法などについての聞き込み調査をおこなった。この地域に栽培されている穀類は、イネ、トウモロコシ、シコクビエ、アワ、モロコシ、コムギ、オオムギ、それに擬似穀類のソバ二種とアマランサス二種の計一一種であった。

イネの栽培はベトラワチからマニガオンにかけては山腹の急斜面の段々田でかなり見られたが、そ

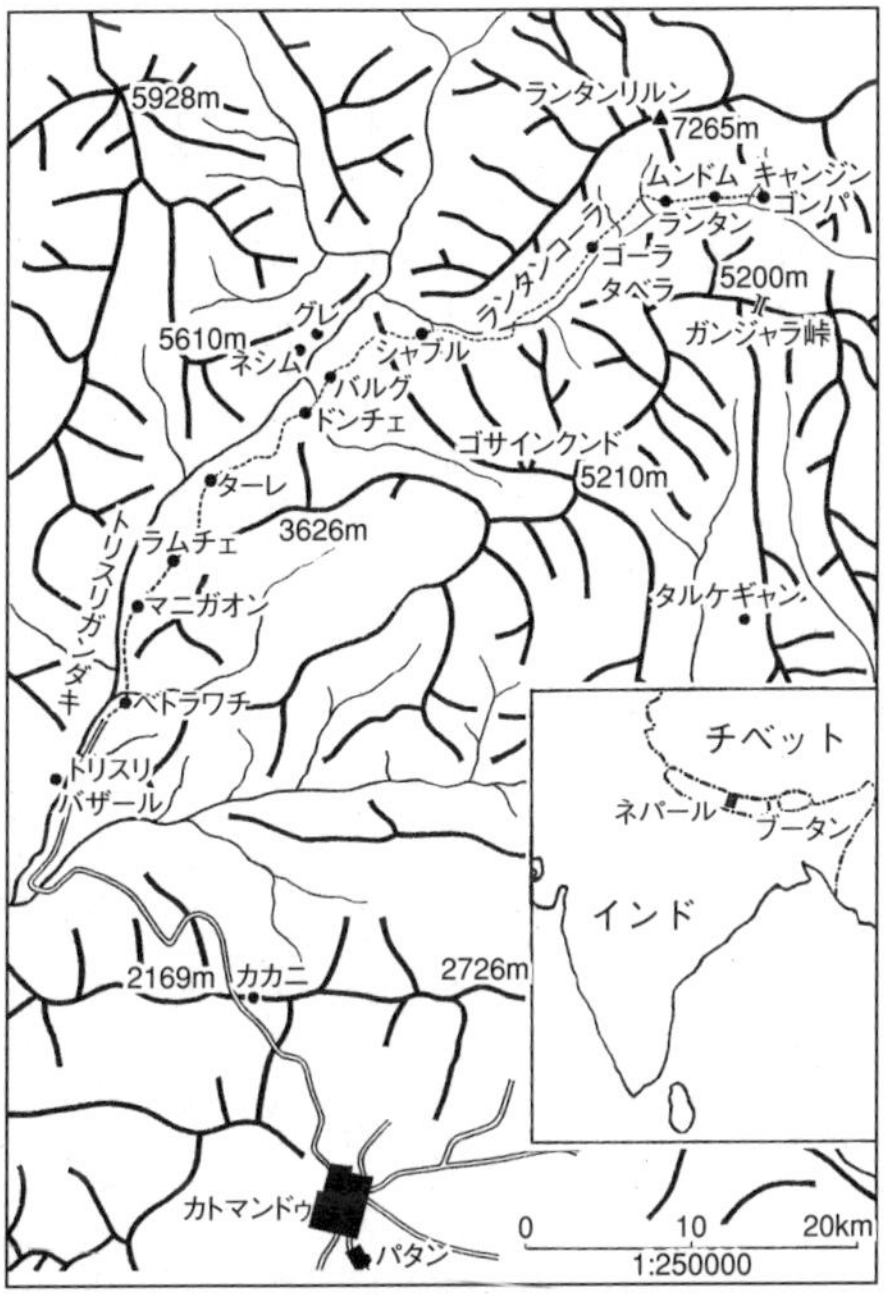

図7　ネパール・ランタン谷の調査ルート

こから登るにつれて少なくなり、イネの栽培限界はおよそ標高二〇〇〇メートルであった。トウモロコシはすでに収穫が終わり、農家の軒先の大きな円筒形の籠に穂が収められた状態であった。イネ科の雑穀はシコクビエ、アワ、モロコシが栽培されていた。アワはほとんど残存の状態で、ドンチェとバルグでわずかに見られた。モロコシの栽培もごくわずかで、畑の縁、水田の畦、農家の庭先に数本ずつ栽培されているのがマニガオンで観察されたにすぎない。

ランタンコーラ上流のゴーラタベラからムンドムにかけてのチベット人の村には、ごくわずかの貧弱な耕地が散在し、春播コムギ、春播オオムギおよびダッタンソバが栽培されていたがすでに収穫は終わっていた。シャブルより低いところでは秋播性のコムギ・オオムギが栽培されている。春播コムギはバルグからシャブルにかけてごくわずか見られ、ちょうど出穂をはじめたばかりの状態であった。ソバは普通型の白い花のソバとダッタンソバが栽培されていた。

畑一面のシコクビエ

トリスリカンガキに沿ってだんだん標高を上げてゆくにつれ、われわれの眼を奪ったのはシコクビエの栽培であった。とくにラムチェからシャブルまでの見渡すかぎりの段々畑は、シコクビエまたシコクビエで埋まっていたといっても過言ではない。このような畑の背景には雄大なトリスリガンダキ

上：ネパール・ランタン谷の中腹の村で米を搗く著者／下：シコクビエとニガーシードの混植畑におけるシコクビエの穂刈り

が次第にその峡谷を狭め、はるか北の真っ白に輝くチベット・ヒマラヤの重畳とした尾根筋に深く入り込み、また右手にはランタンリルンの雄姿を望むことができた（口絵）。収穫は小さな鎌を用いて一穂ずつ穂刈し、背負った籠に収められる。

ヒマラヤ山麓になぜこのように大規模なシコクビエの栽培が見られるのだろうか。いろいろな情報をまとめてみると、第一にこの雑穀は不良の土地でもよく生育し、旱魃にも強く、病害虫も少なく、穀粒は小さいが安定した収穫が得られること。第二に穂のまま束ねて貯蔵しておくと、害虫もつかず長期間にわたり保存がきくので、不作の年などの救荒作物としての役割が大きいこと。第三に粉に碾いてディロ（おねりの一種）やロティ（平焼きのパンの一種）などの主食の原料として高く評価されていること。第四にネパールではチャンという地酒が広く好まれているが、その原料はシコクビエ、トウモロコシ、オオムギ、イネなどであるが、なかでもシコクビエでつくったコド・チャン（コドはシコクビエの呼称）がもっとも美味で、酒造りの原料としての需要が大きいことなどがあげられる。

色鮮やかなアマランサス

この旅でわれわれが出会った栽培植物のなかで、もっとも特異で印象的だったのは、何といっても擬似穀類（広義には雑穀に分類されている）でヒユ科のアマランサスである。英語では grain amaranths

と総称され、すべて新大陸原産の四種の栽培種が知られている。

ネパールには花序が細長く垂れる南米アンデス産のヒモゲイトウ（*Amranthus caudatus*）と、花序が真っ直ぐに立つメソアメリカ産のセンニンコク（*A. hypochondriacus*）が栽培されている。

両種とも、カトマンドゥ盆地でも農家の庭先でわずかに見られたが、じつに見事なものがランタン谷の標高一五〇〇～二二〇〇メートルあたりに栽培されていた。マニガオンやターレではシコクビエ畑のそばにごくわずかに見られたが、さらに上ってバカジュンデ付近から彩りも鮮やかなアマランサスが村のまわりに姿を現した。

ドンチェに近づくとシコクビエとヒモゲイトウの立派な混植畑があり、バルグではさらに多くの栽培が見られ、村はずれから少し離れて眺めると、赤や黄で織りなすアマランサスが一面のシコクビエの畑の緑のなかに点々と美しい彩りを見せていた。近づくと雑草の茂った畑のなかに、約二メートルの高さに成長したアマランサスがきれいに色づいていた。ここではヒモゲイトウとセンニンコクが混在していて花序のコントラストがおもしろい。

バルグに数日滞在したが、そこからトリスリガンダキを隔てた西岸に点在する村を双眼鏡でのぞいてみた。急斜面を耕せるところは耕して、天にいたる段々畑が見え、ほとんどが緑のシコクビエ畑である。そのなかに斜面にしがみつくように黒い農家の小さな塊が目に入る。一二戸の農家の見えるネシムには五ヶ所、二二戸とちょっと離れて二戸あるグレには六ヶ所、アマランサスの畑が、集落の上

センニンコク（花序が 立っている）とヒモゲイトウ（花序が垂れている）

端付近に真っ赤な斑点のように発見できた。

　このようにアマランサスは村の畑の栽培面積のごくわずかを占めるマイナークロップであるが、ランタン谷では標高二〇〇〇メートル前後のどの村にも栽培され、そこに定着した作物であることが明らかになった。このような状態はシャブルまで続いたが、ランタンコーラの三〇〇〇メートル以上のチベット人地帯には見あたらない。そこはもうシコクビエもトウモロコシも栽培できない厳しい自然の支配する高所なのである。

　花序が垂れ下がったヒモゲイトウには、花序の色が鮮紅色のものと黄白色のものが見られた。いずれも直径一・二〜一・五ミリの碁石状半透明白色に赤紫色の美しい縁取り（胚が着色している）のある種子を多数つける。

一方、センニンコクには、花序の色が赤紫色、鮮紅色、淡紅色、黄金色のものまで、はなはだ変異が大きい。種子の色は黄白色のものと、黒光りする黒褐色のものがあったが、これは花序の色とは無関係である。ランタン谷では種皮の黄白色のものが好んで栽培されている。その証拠にシャブルとドンチェで農家から分譲されたセンニンコクの種子サンプルはともにほとんど黄白色のものばかりで、わずかに黒褐色の種子が混在していたにすぎなかった。

両種は現地ではあまり区別されず「ラテイ」と呼ばれているが、アマランサスの種子は炒るとはぜるが、それを砂糖水や茶と混ぜて食べる。またカトマンドゥでは特別の祭りにこの粉で小型のパンをつくり、儀礼に用いる習慣がある。インドでも同じような利用法が知られている。

後日談――ネパールから持ち帰ったセンニンコクのサンプルをくわしく調べて、この植物の外胚乳貯蔵でんぷんにウルチ性のものとともにモチ性のものがあることがわかった。このことが、イネ科穀類のみでなく双子葉植物にもモチ性でんぷんがあるという新発見につながった(阪本　一九八九a参照)。

第4章 アフガニスタンへ

社会主義革命直前・直後

ユーラシア西南部の農耕はムギ類を主体とし、ヒツジ、ヤギ、ウシなど群れをつくる家畜をともなった有畜農耕によって特徴づけられる。史的にみると、この有畜農耕がいまからおよそ一万年前に中東地方で起源し、さらにそれが初期段階において、中央アジア、地中海地域およびヨーロッパに伝播し、それぞれの地域に適応した農耕様式を確立したと考えられる。

われわれは一九七七年より文部省海外調査研究費を受け、主として野外調査に重点をおいて、この地域の有畜農耕社会の比較文化研究（代表者：京都大学人文科学研究所、谷泰教授）をおこなった。

私たち植物班はこの地域に固有の栽培植物とその近縁野生種ならびに耕地雑草の比較研究を分担し、一九七八年にアフガニスタンとルーマニア、一九八〇年にギリシャとルーマニアで調査をおこない、そして一九八二年にはギリシャとトルコで野外調査をおこなった。谷さんと私は共同研究の可能性と調査許可の取得などのために、一九七七年、これらの国を訪ねて予備調査を実施した。

アフガニスタンでは首都カーブルにあるカーブル大学農学部のコムギ専門家、グル教授（Azam Gul）に会って協力を求め、政府から翌年の調査の正式許可を取得した。また、調査フィールドをあらかじめ設定するため、カーブル郊外やプリフムリ付近まで小旅行を試みた。

しかし、思いがけないことに翌年の一九七八年四月に、首都でクーデターが起こり、ソ連に後押しされた社会主義政権が誕生した。

七月にカーブルを訪ねると、町の中心部に戦車の残骸がそのまま放置されており、町の雰囲気は一変し、前年許可を取得した政府はすでに存在しなかった。グル教授はきびしい状況のもとにおられたが、われわれのために骨を折ってくださり、幸いにも新政府から改めて許可を得ることができた。

一九八〇年、八二年とこの国の調査を予定していたが、一九七九年一二月二四日、ソ連軍のアフガニスタン侵略により、残念ながらそれはまったく不可能になった。これがその後、二〇年以上にわたるこの国の混乱と混迷のはじまりであったとは、そのときは知る由もなかったのである。

はじめは東部のヌリスタンに入る予定であったが、反政府ゲリラの活動地域のため許可が下りず、東北部山岳地帯のバダクシャン地方を旅することになった。そこで、七月一日より二七日までの約一ヶ月間、バダクシャンの山村においてコムギ、オオムギ、ライムギ、およびそれらの近縁野生植物、ならびにキビとアワなどの調査・収集に従事した。首都カーブルから北へヒンズークシ山脈を越え、プリフムリを経てクンドウスにいたり、そこから東へタロクアンを経てコクチャ川を遡行し、ファイザバードよりさらに峡谷をつめてパミール高原の入り口にあたるバラク村に入った。

別送しておいたテントが、どうしたわけかパリに送られてしまって、出発までに入手できず、やむなく持参した寝袋と現地で調達したマットのみで、道端、牧人のテント、農家の軒先、茶店のそばなどで宿泊する旅となった。夜は満天の星空を仰いだが、時おり、流れ星のように光る人工衛星の航跡を見ることができた。また、音ひとつない満月の夜は遥かな山なみまでくっきりと浮かび上がり、明るすぎる光の世界のなかで眩しくて眠れないこともあった。

カーブル・バザールのキビとアワ

キビとアワは東アジアのみならず、西南アジアやヨーロッパで古くから広範に栽培され、過去には人びとの食生活のなかで重要な役割を果たしてきた雑穀である。しかし、西南アジアとヨーロッパにおけるこれら二種の雑穀についての研究を探してみると、驚くべきことにまったく微々たるものにすぎず、その実態はほとんど知られることなく忘れ去られようとしているのが現状であった。

今回の現地調査でアフガニスタンのキビとアワがどんな状態で栽培されているかを具体的に見る必

カーブルのバザールの穀物店。コムギやオオムギとともにアワやキビを売っている

要があった。とくにこの地域は、アジアとヨーロッパのキビとアワの史的関連を考えるうえで重要であった。

まずカーブル滞在中、町のバザールを訪ねた。コムギ、オオムギ、イネなどとともにキビやアワが店頭に並んでおり、男たちがのんびりと客を待っている。この国ではキビは「アルザン」、アワは「ゴール」と呼ばれている。その用途を聞いてみると、誰もが口を揃えて小鳥の餌だという。一九七七年の予備調査で行った旅行中、村のあちこちにキビやアワの広い畑があり、ちょうど出穂しはじめたところだった。小鳥の餌だけのために、どうしてこんなにも栽培されており、バザールでかなりの量が売られているのか、理解できなかった。きっと食べられているにちがいないという疑問が、いつも私の脳裏をかすめた。

バダクシャン地方のキビとアワ

バラク村付近は標高一四〇〇～二二〇〇メートルでパミール高原の入り口にあたる。夏の三ヶ月は完全な乾季で、さわやかな陽射しが満ち溢れていた。まわりはほとんど裸の峨峨たる岩山が聳え立ち、五〇〇〇メートルを越える万年雪のヒンズークシの峰峰も遠望できる雄大な眺めである。このような自然のなかで、リンゴ、アンズ、スモモ、クワ、クルミなどの果樹園の緑に包まれた山村が峡谷に点在していて、まさにそこは桃源郷であった（口絵）。

谷間の平坦地の灌漑された畑には、コムギ、オオムギ、キビ、アワ、メロン、グラスピーなどが栽培されている。しかし河岸段丘、山麓斜面、さらに高所の傾斜地にはドライ・ファーミング（天水のみに依存した乾地農業）のムギ畑が、黄や緑のさまざまな模様を織り成していた。

標高二〇〇〇メートル以上のところでは、春播きのムギ畑となり、まだ青々とした穂を風になびかせていた。また、白や紫の花を一面に咲かせるケシ畑も散在していた。そこにはコクチャ川から山腹に沿って水を引いた立派な灌漑用水路が発達し、ヒンズークシ山脈の雪解け水が滔滔と流れ、村はずれにはこの水を利用した水車小屋があり、大型の石臼がものすごいスピードで回転し、粉碾きがおこなわれていた。

バラク村からワハン回廊に向かう道を少し行く。ここもかなり広くキビが栽培されていて、アワも

バダクシャン地方の広々とした灌漑したキビ畑

混じえた大きなキビ畑があちこちにあった。近くの農家を訪ねると、近隣の男たちが集まってきて涼しい木陰に絨毯を敷き、うやうやしく迎え入れられた。まもなく見事に熟れたアンズとコムギでつくったナーンというパン、それに紅茶が運ばれてきた。キビはここでも小鳥の餌だという。

日本からはるばる持ってきたキビとアワの穂の標本をおもむろに取り出し、日本でも古くから餅をつくったり、飯に混ぜて食べていると何気なく切り出してみた。すると、どうだろう。これらの穂をしげしげと眺めた古老のひとりが、ここでもこれを食べているという。シメタと思い、さらにくわしく聞き込んでみた。キビやアワはコムギと同じく粉に碾いて平たいパンをつくるという。これを契機にあちこちでこのパンの存在を確かめることができた。また、キビやアワの粉をミルクと混ぜた「コチ」という粥もあるという。

日本や韓国の山村でもそうだが、ここでもキビやアワは、不当にも貧しさの象徴とみなされ、人間の食用に供されていることが隠されていたのだ。ここではキビとアワはしばしば灌漑畑で混作されている。四月に種子を播き、一〇月に収穫するという。古老に聞くと、この人の若いころはここで収穫される穀類の四分の一はキビであったという。しかし新しいコムギの品種が入ってきて、その栽培がだんだんと減ってしまったとのことである。

畑に入ってくわしく観察すると、日本のキビやアワと異なり、草丈は低く、きわめて多く分けつし、早生《わせ》で、すべてウルチ性であり、ヨーロッパのものとその特徴が似かよっているように思えた（口絵）。どうやらアフガニスタン―インドを境にして、東と西でかなりちがったタイプのキビとアワが分布していると推定できた。

雑草ライムギと雑草エンバク

この旅の途中で非常に強い印象を受けたことのひとつは、灌漑されたコムギ畑に雑草ライムギ（栽培ライムギの一祖先型。*Secale cereale* var. *afghanicum*）が、また灌漑された六条オオムギ畑に雑草エンバク（栽培エンバクの一祖先型。*Avena fatua*）が、高い頻度で混在していることであった。しかし不思議なことに、山の斜面や河岸段丘を利用したドライ・ファーミングのムギ畑には、これらの雑草の混入はほとんど認められなかった。

そこで、バラク村に滞在中に、これら二種のムギ畑雑草の実態を調べてみた。バダクシャン地方の農家では、自分のムギ畑で収穫した種子の一部を翌年畑に散播（畝を立てないで畑一面に種子をばら撒き栽培する）している。そこで、刈り取りをおこなっている畑があれば、そこからランダムにムギ束を選び出して、それをその畑のランダムサンプルと考えた。村はずれにある一枚の灌漑コムギ畑から、ランダムに七束のムギ束を選び出し、それらを調べてみた。このコムギ畑は穂が褐色で芒のあるパンコムギが主で、それらに穂が黄色で芒のあるものと、穂が黄色で芒のないパンコムギが約一〇パーセント混在していた。この畑には雑草ライムギとともに雑草エンバクも混生し、ムギ束によって頻度は異なるが、穂の数の比率で示すと、その混入率は二～三五パーセント、平均一四・八パーセントというかなり高い混入率を示した。この畑の所有者に聞いてみると、雑草ライムギを「ラシック」、雑草エンバクを「ロス」と呼んでいた。

一方、雑草エンバクはおもに灌漑されたオオムギ畑に非常に高い頻度で混生し、畑は明瞭に二つの層に分かれ、上層はオオムギよりも草丈が高く、すでに小穂をほとんど脱落させた雑草エンバクの穂で占められている。雑草エンバクは出穂・成熟がオオムギよりも早く、オオムギを刈り取るときには雑草エンバクの小穂はほとんどなく、銀白色に輝く苞頴の着いた花序を一面に見渡すことができ、遠くから見るとオオムギ畑と思えないことをしばしば経験した。ある六条オオムギ畑で調べてみると、

雑草エンバクの生い茂るオオムギ畑の刈り取り

ムギ束によってその混入率は異なり、三・三〜四八・六パーセント、平均三四・三パーセントで、非常に高い混入率であることがわかった。

穂が成熟すると容易に折れてバラバラと脱落するふつうの野生イネ科植物と異なり、雑草ライムギは穂の脱落性はあまり高くなく、したがってコムギの刈り取りと同時に一緒に収穫される。それらは同時に混入している雑草のマメ科植物の種子や植物体とともに、そのまま脱穀され、水車小屋の大きな石臼で製粉され、主として半発酵のナーンという薄くて平たいパンに焼いて食べられる。アフガニスタンのどこへ行っても、このナーンと紅茶が三度の食事の主役である。

このようにみると、雑草ライムギはかならずしも無用の雑草として存在するのではなく、コムギとともに収穫され、かなりの量が利用されていることになる。栽培ライムギと栽培エンバクは、ムギ畑の雑草から栽培化されたといわれているが、バダクシャン地方で観察された雑草ライムギと雑草エンバクのムギ畑における密接な随伴状態は、これら二種の穀類の栽培化の過程を考えるうえで、非常に興味ある現存の状況といえるだろう。

128

第5章 インド・デカン高原への旅

東アジアからインドへ

旧大陸における雑穀栽培の歴史を考察してみると、その重要なセンターは、東アジア、インド亜大陸およびアフリカの、いずれも夏雨型気候地域に形成されている。これら三地域では、それぞれ独自の雑穀が栽培化されただけでなく、各地域間におこなわれた相互の文化交流をつうじて、共通した雑穀農耕文化が発展してきた。

東アジアではヒエ、インド亜大陸とその周辺部ではアワ、キビ、ハトムギ、インドビエ、サマイ、コドなど、アフリカではモロコシ（ソルガム）、シコクビエ、トウジンビエ、テフ、フォニオなどが栽培化され、伝統的な食生活のなかで重要な役割を果たしてきた。

一九七二年からはじめたアワ、キビ、ヒエなどを含む雑穀の研究は、日本を中心に東アジアの諸地域で仕事をすることを目標としていた。しかし、私の予期に反して数年のうちに、ユーラシア大陸一円を対象とすることになってしまった。そうなると、この大陸のなかでも独特の雑穀が成立し、その栽培が伝統的に古くからおこなわれ、それがいまなお広い地域にみられる、インドのとくにデカン高原をくわしく見てみることが焦眉の問題となってきた。またそれらがどのように栽培され、どのように調理されているかを知りたかった。

現在インドでは、モロコシ、シコクビエ、およびトウジンビエという三種のアフリカ原産の雑穀の栽培が卓越し、農業経済上、重要な位置を占めている。しかしそれについて考えてみると、インド亜大陸が農耕の歴史のかなり初期の段階で、アフリカ原産の雑穀を受け入れることのできた史的背景には、インドおよびその周辺部で起源したと考えられるアワ、キビ、インドビエなどの栽培の長い歴史があり、その基礎の上に現在の状況が成り立っていると考えることができる。さらにモロコシ、シコクビエは紀元前約二〇〇〇年ごろアフリカ大陸より伝播したが、アフリカには見られない品種群が成立していることも考えられ、インドの雑穀を調べることは、作物の二次的分化センターでの様相をみるためにも興味深い地域なのである。

また、インド亜大陸の際立った特徴は、雑穀栽培がウシ、スイギュウ、ヒツジ、ヤギなどの家畜の飼養と結合した、いわゆる有畜農耕を農耕の歴史の初期から形成していたことである。そして、農耕技術における畜力利用による畑作農法を発展させるとともに、動物性食料資源の供給によるバランスのよくとれた食文化の形成をつうじて、独自の農牧文化複合の展開を遂げてきた点にある。

しかし、いま述べたインド亜大陸における有畜農耕の、もっともユニークな特徴と考えられる雑穀栽培と、それをめぐる農牧文化複合について、現地調査にもとづいて組織的に研究するという活動は、いままでほとんどおこなわれてこなかったのが現状である。そこでこのような視点をふまえて、私が研究代表者となって、一九八五年、一九八七年および一九八九年の三ヶ年にわたり、「インド亜大陸における雑穀栽培とそれをめぐる農牧複合の研究」という研究課題のもとに、文部省科学研究費（国際学術研究）の交付を受け、現地調査をおこなった。その成果は『インド亜大陸の雑穀農牧文化』（一九九一年）として公表された。

見渡すかぎりのシコクビエ畑

私はまず雑穀栽培が現在もっともさかんなデカン高原とその周辺へ旅にのぼった。デカン高原南部のカルナタカ州は、アフリカ原産のシコクビエの栽培が多い地方である。州都バンガロールから、われわれの旅ははじまった。

この町を一歩出ると、シコクビエの畑が続く。この州でとくに特徴的なのは、シコクビエがモロコシ、ニガーシード、ヒマ、さらにキマメ、ササゲ、ホースグラム、フジマメ、グリーングラムのよう

シコクビエとモロコシ（まだ穂が出ていない）の混作畑

なマメ類と間作されていることが多いことである。このような畑を見ると、デカン高原は雑穀農耕のひとつの頂点をきわめた所ではないかという強い印象を受ける。つまり、ここに穀類とマメ類がひとつのセットとなって栽培され、それがインドにおける食生活の基本となる素材の組み合わせとなっているのである。

まずはじめに訪れた村では、赤土のレンガでつくった家並みが静かなたたずまいを見せ、白いウシが軒下につながれて餌を食べている。村はずれのシコクビエ畑は、六列のシコクビエの間にモロコシとニガーシードの混作した列が一列入るように整然と播かれて栽培されている。

さらに丘陵地帯に上ると、丘の中腹を拓いた畑に、見事なシコクビエが、強い陽射しの下で、ちょうど熟した穂をつけているのが見える。このような広々としたシコクビエの畑が、どこまでも続いているのを見るのは初めての経験であった。日本では村はずれの小さな畑に点々と雑穀が栽培されているのしか見たことがなかった私にとって、それはある種の感動を呼びおこす光景であり、いつまでもそこから立ち去ることができなかった（口絵）。このような畑は、ドライ・ファーミング（天水のみによる乾地農法）の移植栽培のために混作作物は全然見あたらないのだ。

花崗岩のゴロゴロした小高い丘を背景にした、あざやかな赤土の畑で、シコクビエを移植しているところに出くわした。まずウシに鋤を牽かせて耕した畑に水を導き入れ、男が「サリケ」という柄の短い鍬で土を起こして畑をつくる。すぐ傍らにしつらえたシコクビエの陸苗代では、頭に布を覆った中年の女が苗取りをやっている。手のひらににぎれるほどの束を、乾燥したバナナの葉柄をひきさいた細片で結びつけ、この束を畑に運ぶ。サリーの裾をたくしあげた四人の女が、一列に並んで移植してゆく。左手に苗の束を持ち、右手で植えてゆくが、約二〇センチの間隔で一～二本の苗を泥のなかに挿し込んでゆく（口絵）。

道端の一五〇平方メートルほどある脱穀場では、シコクビエの脱穀がさかんにおこなわれていた。穂刈りして四～五日乾かした穂がいっぱいに拡げられ、二頭のウシが大きなローラーをひっぱり、男がローラーとウシの間に乗ってグルグルとひきまわしている。こうして脱穀したあとは、女たちが色とりどりのサリーの端で頭部を覆い、風下を左に向けて立ち並び、箕を用いて思い思いに風選している。続いて女たちは、風選したものを、篩にかけて穀粒だけを精選してゆくのだ。それは美しい絵のような情景であった（口絵）。

道端に立ち並んだ農家の軒先では、一組の夫婦が六〇センチほどの竹の棒でシコクビエの穂を叩きながら脱穀をやっていた。このようなわずかな収穫量の場合、棒で叩いて脱穀する方法は、おそらく古いやりかたの名残であろう。

一軒の農家を訪ねる。この農家でシコクビエのおねり（mudde）のつくり方を見せてもらった。おねりはカルナタカ州で、もっとも広く普及している食べ方のようである。まず収穫したシコクビエの穀粒は、「ビスカル」と呼ぶ石臼で粉に碾かれるが、二人の女が臼を隔てて対座し、粉碾き歌を歌いながら、力を合わせて粉を碾く。粉を篩にとおして木目細かな粉を用意する。ついで台所のカマドに火を焚き、少し上がくびれた銅の容器に水を入れて煮沸し、それに粉を少しずつ加えながら、鉄板のついた「ギーチョベレ」という用具を用いて、ゆっくりとかきまぜてこねてゆく。赤褐色にこねあがったものを板の上に取り出し、さらに手でこねて直径約一〇センチのまるいボール状の塊をつくる。これがおねりである。

2人で歌を歌いながらシコクビエの粉碾きをする

さて、食事がはじまった。床に坐った各人の前にバナナの葉を広げ、そこにおねりやカレー、「ダル」（マメを碾き割って煮たもの）、ごはん、茹で卵などをよそい、右手で少しずつおねりをちぎってカレーにつけ、口の奥に入れ込むようにして食べる。

南インドではバナナの葉の食卓は非常にポピュラーなもので、町角の食堂でもこれを用いている。まず葉を広げて、そこへ金属製のコップにいれてもらった水をパラパラと撒いて、葉っぱを手で洗い、水を床に落として待っていると、葉の上にご飯、カレー、食塩、野菜の煮物など何でも載せてくれる。それらを右手で好みに応じてよく混ぜて食べる。お客が食べ終わると、バナナの葉柄を切った小片で食卓をきれいに拭きとり、残飯はバナナの葉にくるんで、ポイッとバケツのなかに落とす。このままでウシの餌になるのであろう。食器を洗う手間はまったく不要であり、じつに合理的な食事法なのである。

珍しい雑穀を発見

バンガロールから西約八〇キロのツムクールから道を北へ、花崗岩のゴロゴロした丘陵地をゆく。マレシュプラ村のはずれの灌漑用水の沼地のそばで、いままで見たこともない穀物の畑が見つかった。早速車から飛び降りる。キビ属に似た植物だが草丈は低く五〇センチほどである。葉は幅が広く、一〇〜一五センチほどである。小穂はキビほどの大きさだ。土地の人にきくと「コルネ」（*korune*）という。これはあとで調べてみると、ブラキアリア・ラモーサ（*Brachiaria ramosa*）らしいということがわかった。

もしそうだとすれば、西アフリカに知られているアニマルフォニオ（*B. deflexa*）と同属の植物が、インドに栽培されていることになり、ヒエとインドビエ、イネとアフリカイネという、近縁な植物が地球上の異なる地域で並行的に栽培化されたという実例が、さらにひとつ、つけ加わったことになる。

畑をよく見ると、穂の形が広く開出しているものと、そうでないものがあり、これら二つのタイプが混じっており、また畑のまわりをよく見ると、地面を匐うように伏臥して、草丈も低く、分枝梗も少なく、穂も小さい野生型も見つかった。はたして、この雑穀は、どのように位置づけられるであろうか。

われわれがしきりに畑を見ていると、いつのまにか人びとが集まってきて、じっとこちらの様子を見ている。近くの村で小学校の先生をやっている人の畑である。この村では先生だけがつくっているが、彼に聞くと、七月末に播き、一〇月末か一一月はじめに鎌で地際を刈り取って収穫するという。成熟種子の脱落性が高いので、夜露がまだ乾かないうちに朝早く刈り取るという。刈り取った束はキミガヨランの繊維で結び、籠に入れて頭に載せて持ち帰り、二〜三日乾かしてからウシに踏ませるか、石のローラーで脱穀するという。穀粒をそのまま炊いて「アンナ」（anna）をつくると味がよいとのこと、また碾き割りしてシコクビエと混ぜ、おねりにしたり、チャパティのようなパンにして食べるということであった。

インド独特の雑穀、サマイとコド

バンガロールから西へシモガに通ずる快適な道を約七〇キロ走ったところにあるマディハリで、「サマイ」(*Panicum sumatrense*)とニガーシードの混植された畑に出会った。この畑のサマイをよく見ると、四つの型、つまり穂が緑色のものと紫色の色素のあるもの、さらにそのそれぞれに分枝梗の広がったものと広がらないものが混在している。さらに小穂が小さく、穂も短いサマイの雑草型と思われるものが混入している。

農家の人に聞くと、この畑はサマイを七月末に散播したもので、ちょうど穂が出揃って、そろそろ実りはじめたところである。キビと同じ属の植物で似ているが、小穂が小さくて「リトル・ミレット」とは、よくいったものだ。

穀粒は水とともに煮沸し(パーボイルド)、乾かしてから搗いて精白する。これを炊飯するか、粉に碾いて、薄いパンケーキのような「ドーサ」(dosa)をつくる。この畑のすぐ近くに、サマイ六列にモロコシ一列の組み合わせの畑が見られた。この付近には、シコクビエ、コド、レッドグラム、ワタ、ヒマワリの畑が多く、典型的な畑作地帯であった。

タミール・ナドウ州北端に近いパイユールには、大学の農業試験場があり、ここの快適なゲストハウスに三日間滞在して付近の雑穀の調査をおこなった。場長の ナラヤナン博士（A. Narayanan）はたいへん熱心な人で、われわれの案内役と農家の人びととの通訳に大活躍。おかげで、たいへん有益な日を過ごすことができた。

キビ畑はほとんど見られなかったが、ここにきてキビとサマイの広い畑が隣り合っているのが見つかった。キビの生育はあまり芳しくなく、その栽培はごく限られていた。サマイ（この地方では「サーメ」と呼ぶ）はよく生育していたが、この畑のなかに点々とブラキアリア・ラモーサが混在していた。この雑穀はすでに紹介したように、カルナタカ州ではコルネと呼ばれていた珍しい作物である。この作物の地方名を聞くと、「クティ・サーメ」または「サカラティ・サーメ」（サマイのお妾さんの意）と呼んでおり、農家の人はこれを抜き取ってしまわないで一緒に収穫しているという。非常に耐旱性があり、サマイが収穫できない年でもよく出穂して収穫できるとのこと。

繊細で美しいサマイの穂

またこの付近にはサマイとコド（この地方の呼称は「バラグ」）の栽培が多い。ナラヤナン博士は車のなかから、右を見てはサーメ、バラグ、左を見てはサーメ、バラグと、さも楽しそうに忙しく指をさされる。サリーを巧みにたくしあげた女の人がサマイを根際から刈り取っている。乾燥させたサマイは女の人が頭の上に載せて脱穀場まで運び、そこに広げて、おのおの三頭のウシを括りつけた二人の男が、その上をぐるぐると踏ませて脱穀していた。ウシはシコクビエよりサマイを好むので、口にカバーをつけて脱穀中に食べないようにしている。サマイの藁は飼料として優れているようだ。近くの農家にゆき、「サル」(saru)と呼ぶサマイのご飯を試食する。サバサバした淡白な味だ。

インド原産の独特の雑穀のもうひとつの代表的なものが「コド」(*Paspalum scrobiculatum*)でスズメノヒエに似た雑穀である。穂の形がきわめて特徴的で、数個の花序が伸長した中軸に着生し、小穂はやや平たくなった穂軸の片側に二列に並んでいる。しばしば、粗い石のガラガラした、どうしようもない畑に播かれているが、インド南部では思ったより広く栽培されていた。収穫した穀粒はおもにパーボイル加工したのち、炊いて飯として食べる。あるいはこれを粉に碾いて、水で練ったものを加熱し、おねりをつくることもある。

タミール・ナドウ州の州都コインバトールから東北に向かって幹線道路をひた走り、セイラムからシェベロイ丘陵に登る。標高一三〇〇メートルに達すると、ゴウンダル族の居住地となる。とある村を訪ねたが、山頂近くの林を切り拓いてつくった畑地が見える。ここにはシコクビエ、アワ、フジマメ、カラシナ、センニンコクが混植されており、畑では紫色や桃色のサリーを着こなした

上：ウシの足を用いておこなうサマイの脱穀風景／下右：シコクビエの刈り取り／左：独特の形をしたコドの穂

女たちが片手にやや先の曲がった小鎌を持ち、シコクビエを穂刈りしているところであった。

シコクビエもアワもさまざまな穂のタイプがあり実に変異が大きい。メガルガヤの仲間で葺いた茅葺きの家が広場を取り巻くように並び、そこには穂刈りしたシコクビエが干してあった。粗い赤と緑の格子縞の「ドーティ」(腰巻き)をつけ、頭にピンクのターバンを軽く巻いたひげ面の男が、白と橙色の混じったアワの脱穀種子を貯蔵庫から持ち出してきた。

「トンバ」と呼ぶ貯蔵庫は二〇センチほどの低い高床で、壁はしっくいが塗り込められてあり、屋根は茅葺きで、途中に穀類を収納する茅葺きのドアのついている独特のものである。三〇年も穀物を貯えることができると村の人は言う。

村の途中に黄色と赤色の花序が混ざったセンニンコクの畑があった。若い下の葉は明らかに摘み取られて野菜として利用していることがわかる。種子は熱を加えてポップさせ、「ジャガリ」(粗砂糖)と混ぜて食べる。

キンエノコロの栽培型に出会う

パイユールからアンドラ・プラデッシュ州のティルパティをめざして車を走らせている。モロコシ、シコクビエ、サマイ、イネ、キマメ、ナンキンマメ、サトウキビ畑などが交錯し、その間にバナナ、マンゴー、ココヤシの林が畑地を限っている。車から見ていると、さっと赤茶色の穂をつけたイネ科植物の草叢のようなものが目をかすめた。

一瞬何かおかしいと直感し、車を止めて草叢に突進した。そこで発見したものはサマイと、アワに近縁のキンエノコロ（*Setaria glauca*）の混植集団である。キンエノコロの長い刺毛に覆われたブラシのような穂が、逆光に浮き立って光っている。

いったい、これは何だろうか。よく見るとキンエノコロは直立し、穂も大きくて栽培型の特徴を具えていて脱落性がほとんどないではないか。同行のシーサラム博士（A. Seetharam）（バンガロールにある農業大学に付設された全インド雑穀改良センター・所長）はたいへん生真面目な人で、これは雑草だという。そのうち通りがかりの人びとが立ち止まって、われわれの様子をじっと眺めているので、この植物について聞いてみた。

ここではサマイは「サムル」と呼び、キンエノコロは「コラティ」という（ちなみに近縁のアワは「コラ」と呼ぶ）。両方を一緒に収穫して食べるという人と、キンエノコロは食べないという二つの意見に分かれてしまった。その夜は、ティルパティの町はずれにある農業試験場のゲストハウスに泊まる。この町には、スリ・ベンカタシュワラを祭り、世界一金持ちの寺といわれる、有名なヒンズー教寺院が山頂にあり、参詣することができた。

二日後、再び道を返して、途中からバンガロールに通ずる道を行く。ナッカパリという村で、再びサマイとキンエノコロの混作畑に出会った。ここでは明らかに両種はほぼ等しい比率に混作されており、キンエノコロには穂の色の赤いものと、着色が見られず緑の穂の二型があった。インド人学者はここでもキンエノコロは雑草だと言いはる。しかしよく見ると、この畑のすぐ隣りにあったオカボ(陸稲)畑に、脱落性の高い野生型のキンエノコロが生えており、穂も小さくて明らかに栽培型と異なっている。野生型と栽培型が隣り合って存在しているのだ。これを見てようやくインドの学者も納得せざるをえなかったようだ。

そこから約五キロの間に、道路脇だけでもサマイとキンエノコロの混作畑が五枚見つかった。いままでの観察から考えると、この混作畑はおもしろいことに、カルナタカ—タミル・ナドウ—アンドラ・プラデシュの三州が合い接するパルマール付近の、半径約二〇キロの地域のみに限られていることがわかった。しかし、キンエノコロだけを栽培した畑を見出すことはできなかった。

その後わかったことは、非脱落性のキンエノコロが各地に点々と存在し、アンドラ・プラデシュ州のナンディアル付近では、とくにコドの畑にしばしば混在していた。しかしサマイとキンエノコロの畑のように混植されているわけではない。

タミル・ナドウ州のセーラムから東へ四五キロのアビナバム村では、コド(ここでは「バラグ」と呼ぶ)の畑に混在する非脱落性のキンエノコロは、「バラグ・サカラティ」(「コドのお妾さん」という意味)という、たいへん興味ある呼称が与えられていた。出穂前には両者は草型、葉の形、分けつパターンなどがきわめて類似して区別しがたく、キンエノコロがその畑の主作物であるコドに擬態を示していることが、農家の人によって見事に認識されていることがわかった。伝統的に栽培している作物についての民俗認識体系が、農家によってきちんと把握されていることに強い感銘を覚えた。

にぎやかなアワ刈り

タミル・ナドウ州では、ちょうどアワの収穫期にあたっており、根元から鎌で刈り取っている。色とりどりのサリーを着けた若い娘たちがにぎやかに、キマメとキマメの列の間に八列植えたアワを刈り取ってゆく。キマメはまだ花が咲いているところである。長く垂らしたつややかな黒髪に黄色のマリーゴールドの花飾りをつけ、手には腕輪をはめ、鼻の右側にピカピカ光るアクセサリーをつけた彼女たちは、なかなかおしゃれである。そしてアワ刈りにはげむ姿は実に明るい。

竹籠に入れて布でくるんだお弁当を肩に担ぎ、右手でそれを支えながら娘がやってきた。オレンジ色の大きな花柄模様のサリーの一部をたくしあげて頭に巻いていて、なかなか可愛いい。籠のなかの黄っぽいアワと、やや白っぽいモロコシの飯を食べさせてもらう。「サラッとしてうまいナ」と言うと、いままで異邦の私をまじまじと興味津々な顔をして見ていたみんながドッと笑った。白い歯並びが印象的であった。

キマメとの混植畑でアワ刈りをする女性

このあたりのアワは一般に穂が細長くて黄色のものが多い。収穫したアワは一日畑で乾かしてから村の脱穀場に運び、石のローラーで脱穀する。また舗装された幹線道路の側では、しばしば道いっぱいにアワの穂を広げ、車の通るのを待っている。アスファルト道は恰好の脱穀場であり、車輪は理想的な脱穀機となり、瞬く間に脱穀ができるのである。あとは脱穀したものを女たちが箕のなかに入れて、道端の三本足のついた台の上に立っている男に手渡し、自然の風を利用して風選する。たちまち台の下にきれいなアワの山ができてゆく。うず高く積まれたアワの茎、葉、穂の残りなどは白いウシ二頭に牽かせた車の上の大きな籠に入れ農家に持ち帰る。

このようにインドのデカン高原にはさまざまな雑穀が栽培されており、それらが多様な調理法によって食べられている。これはインド南部にヴェジテリアンが多いからだとも考えられる。雑穀類は、マメ類でつくったダルや植物性素材のみでつくったカレー類とともに食べられており、肉類を食べないヴェジテリアンに不足してしまうたんぱく質を補っているのだ。

インドでは雑穀をベースとした食文化が発達し、米のみでなく雑穀類とマメ類がいまなお調和のとれた食べ物として人びとの健康に寄与しているのである。

第6章 パキスタン・カラコラム山村への旅

インド亜大陸にどんな雑穀が、どのように栽培され、何に利用されているか、この問題を解くためにインド南部デカン高原をたずねた旅の様子は前章で述べた。同じ研究プロジェクトの一環として、一九八七年私はパキスタン北部・カラコラム山村への旅に上った。

その理由は、以下のとおりである。第4章で述べたように、一九七八年、私はアフガニスタン東北部高原を旅した。そこには雑穀のアワとキビが夏作穀類として栽培され、粉に碾いてパンがつくられていることを知った。しかし意外なことに、そこのアワとキビは草丈がとても低くてよく分けつし、多数の小さい穂をつけ、しかも早生《わせ》だという特徴を具えていた。それらは日本をはじめとする東アジアで栽培されているものとは非常に異なったものであり、このような風変わりなアワやキビが東の方へどこまで分布を広げているかを機会があれば確かめたいと思っていた。

これが私をアフガニスタン東北部に隣接するパキスタン北部のカラコラム山村へ足を向けさせる大

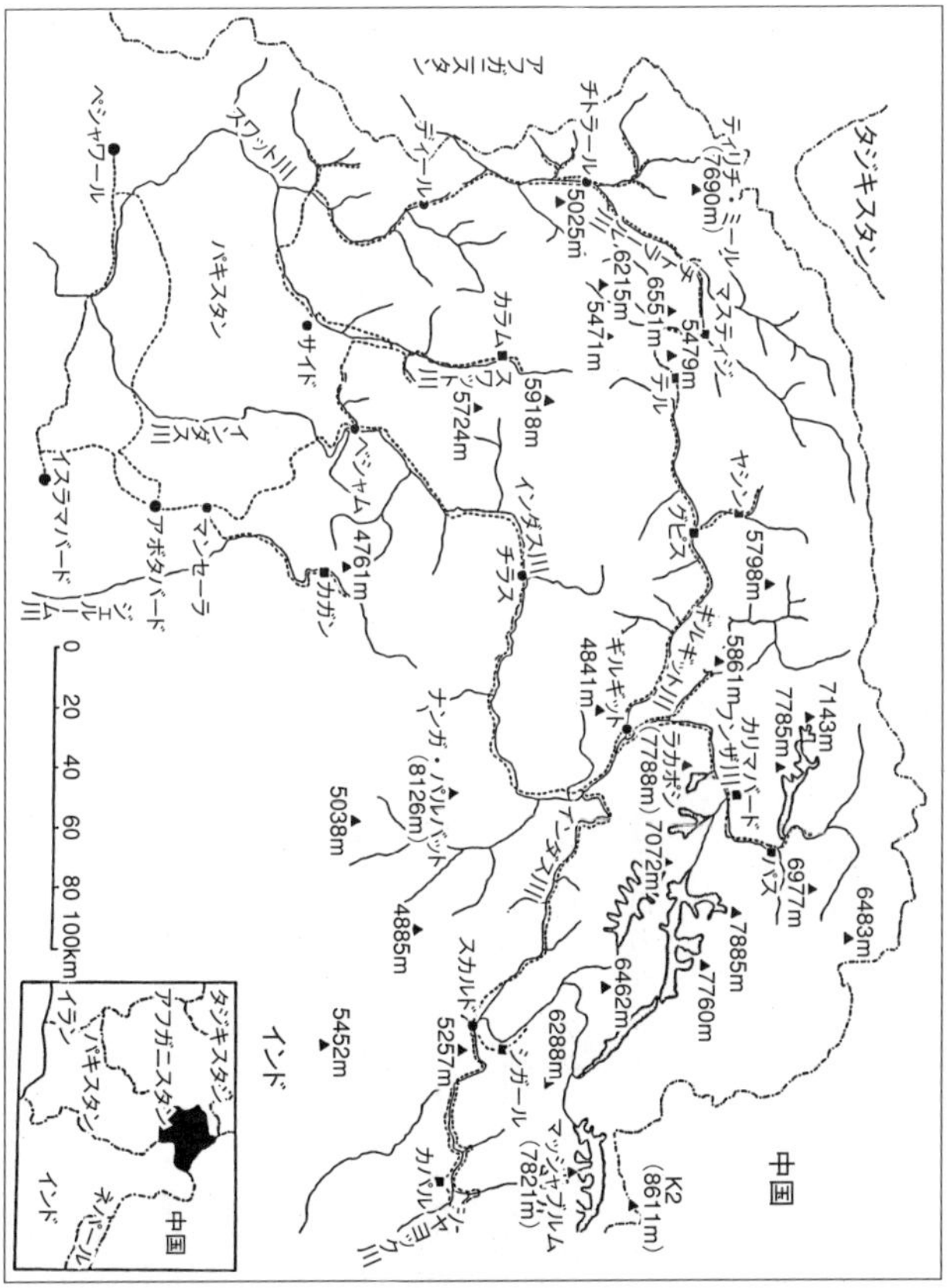

図8　パキスタン北部カラコルム山村における植物調査ルート

（阪本、2003）

きな動機となったのである。

カガン谷とスワット峡谷

一九八七年九月一四日から一〇月二七日までの四四日間、私は、図8に示すルートに沿って旅を続けた。

まずパキスタンの首都イスラマバードから、インド国境に近いジェルーム川流域のカガン谷に入った。ここは万年雪をいただく雄大な山々から流れ出る水を利用して、山の斜面の棚田で灌漑稲作がさかんで、また段々畑にはトウモロコシの穂が出揃っていた。標高一五〇〇メートルからはトウモロコシ畑の周囲に真っ赤に色づいたセンニンコクが見られ、これらはほとんどがモチ性のもので、種子をポップして食用に供されていた。峡谷の道を牧民のグジャール族が、ラクダ、ウシ、ヒツジ、ヤギ、ロバなどをつれて、夏場の放牧地から南の冬村へと、つぎつぎと群れをつくってさかんに移動しているのに出会った。しかしこの谷には残念ながら雑穀はまったく見あたらなかった。

カガン谷から松林の峠を越え、インダス川本流沿いにベシャムまで入ったが、そこではわずかにアワが栽培されていた。そこから再び峠を越えて美しいスワット峡谷に下りた。しかしこの谷間も上流はジャガイモ畑ばかりで、探し求める雑穀の姿は見出せなかった。

チトラールのモスクからティリチ・ミール山（7690 m）を望む

憧れのチトラールへ

スワットから道を西にとり、ディールの町にたどりついた。この付近の市場でアワの種子を収集することができた。ディールを経てほとんど岩場だらけの山道をジープであえぎ登り、雪渓の見える三〇〇〇メートルのロワリ峠を越えてチトラール川の辺《ほとり》に立つ。

ここは現在ラワルピンディから空路で容易に入れるようになったが、長い間そこは秘境であり、とくに私にとって学生のころより、ここは憧れの地であった。しかしそのころは外国へ旅することは夢のまた夢の時代であった。学部二回生のとき習ったドイツ語の前川誠郎先生（当時、京都大学助教授。東京大学名誉教授）は授業中に、「君たちは行ける、きっと外国へ行ける」とおっしゃったが、私は先生のこの力強い言葉を信じた。そのおかげで自分の長年の夢が三五年ぶりに実現した。

チトラールの町はずれに真っ白なモスク（回教寺院）があり、そこからはるか北にヒンズークシの最高峰、七六九〇メートルのティリチ・ミールの白くまろやかな峰を望むことができた。

まず町の警察署に行って外国人登録証をもらってから、チトラールの南へ川沿いに下ると、緑ひとつない川畔にしがみつくようにアフガン人の難民キャンプがあった。川から別れて西の谷に入るとカフィリスタンである。

バンブリート村まで行くが、ここで初めて狭い谷間にあるクルミの林のはざまに、アワ（ここでは「グラシック」と呼ぶ）とキビ（「オリーン」）の混植畑が散在していた。予想どおり草丈は短くて分けつ多く穂の小さいタイプである。収穫後ウシやロバに踏ませて脱穀したのち、谷川から水をひいた水車小屋の大きな石臼で粉に碾き、こねたドウをそのまま広げて焼いたパンをつくる。ここではアワでつくったものを「グラシ・シャピック」、キビのそれを「オリアニ」と呼んでいた。

この村の農家は平らな屋根をつけた二階建ての伝統的な建物で、横に並べた太い木の柱が屋根から家の前面に突き出ていて、石と粘土を混ぜた堅牢な壁からできている。娘たちはビーズのネックレスとカラフルな腕輪をたくさん着け、頭には宝貝をちりばめたベルトを被り、髪を三つ編みにして垂らしている。アレキサンダー大王の従者の子孫という伝承に彩られたカラッシュ族の人たちがここに住んでいるのである。

ハルチン村におけるコムギの脱穀風景

シャンドル峠越え

チトラールからマスティジ川を遡行する。村にはザクロ、クワ、クルミ、ヤナギ、プラタナス、アプリコットなど緑が多いが、谷に迫る裸の岩山ときわめて対照的である。標高二〇〇〇メートルの山間の静かな台地にたたずむブーニ村のゲストハウスに泊まる。アワ畑やトウモロコシ畑が緑の果樹園を縫うようにして点在する。マスティジより行く手を右にとり谷をつめると、あちこちにできた河岸段丘に村があり、アワ畑やキビ畑が点在するが、畑の末端は川の浸食を受けて崖をなしてずれ落ちてしまっており、きわめて不安定な場所に村や畑が存在するのだ。

標高二六〇〇メートルのハルチン村はすでにポプラが黄ばみ、雪山が近くまで迫って風が冷たい。四頭のウシを用いて男がコムギを脱穀している。そのすぐ近くで女が風選に余念がない（口絵）。六条裸オオムギがエンドウと混植され、刈り取った束が山積みされている。一緒に脱穀し、一緒に粉に碾き、不発酵の薄いパンをつくる。

三七〇〇メートルのシャンドル峠は峨々たる雪山に囲まれた台地で、冷たい風と雲がよぎり、ひっそりとした小さな湖の水面が暗い。夏にはここへチトラールとギルギットから人びとが登ってきてポロ競技をやるそうだ。峠から岩だらけの急な斜面を下ると、赤い花をつけたウエッブバラ（*Rosa webbiana*）が群生している。ギルギット川源流に再び村が点在しはじめるが、標高三〇〇〇メートルのこんな高所でアワ畑を見るのは初めてのことであった。冷気身にしみるテル村の岩小屋に一泊した。

ギルギットからフンザへ

一〇月二日朝、ギルギットから一〇キロ下ったフンザ川合流点で橋を渡り、カラコラム・ハイウエイ（KKH）に沿ってフンザ地方にいたる谷に入る。土石流の傷痕のついた岩だらけの山肌を横切ってわずかな緑の一線がわれわれの気持ちを和らげてくれる。上流から引いた灌漑用水路である。ギルギットから六〇キロのチャラト村にアワ畑が現れた。

この付近からフンザ地方一帯に栽培されているアワは、おどろくべきことに、草丈は高く一本立ち

（分けつしない）で、二〇センチほどの大きな穂を垂れている。その外見は東アジアに分布するタイプとたいへんよく似ているのである。それは、いままで見てきたチトラールとギルギット川源流域のものとまったく異なっている！「チャ」というアワの呼び方もまったくちがっている。

この付近には赤い花のソバやダッタンソバの栽培も多い。谷をへだてた山塊のはるか上を仰ぎ見ると、七七八八メートルのラカポシの雄峰がそば立ち、流れ下る荒々しい氷河がフンザ川に落ち込んでいた。

グルミットまで登ると、そこにはもうアワやキビの栽培は見あたらず、ここはコムギ、オオムギ、種芋用のジャガイモの栽培がさかんであり、ちょうど収穫したイモを袋につめて出荷するところであった。このあたりでフンザ川は右に左に大きく蛇行して荒涼とした氾濫原を形成し、その向こうには神々しい雪山が幾重とも知れず屹立している。

インダス川源流をバルチスタンへ

ギルギット川とインダス川の合流点には立派な橋が架かっている。橋を渡りインダス川沿いに道を行くと、はるか南に空いっぱいに立ちはだかるナンガ・パルバット（八一二六メートル）がかすむように浮かび上がって見える。ここから本流沿いには村らしいものは見あたらない。樹木も生えず草も

インダス川源流の河床の砂丘に開かれたアワとキビの畑

つかない峡谷の岩山に稲妻のように、まるでアラビア文字を書きなぐったような模様が走り、造山活動のものすごさの名残を留めている。

約一四〇キロ遡行すると、河岸段丘にしがみつくように小さな村があり、ここにもフンザ地方のものとよく似た大きな穂をつける見事なアワ（チャと呼んでいる）の畑があった。そしてこのようなアワはバルチスタン地方にも広く栽培されていることがわかった。

スカルドはバルチスタンの中心で、インダス川畔に形成された広大な砂丘台地にできた町である。この小さな町にはいろいろな宗派のモスクが林立し、早朝一斉にはじまるアラーの神を讃える祈りの声で目がさめる。回教圏のフロンティアの感がある。町から南へ登ると美しいサッパラ湖にいたるが、その途中に三体の磨崖佛を彫った大きな一枚岩が河原に立っている。この地は現在イスラム化してしまったが、仏教盛行の古い歴史があり、ここにその名残が見られるのである。真ん中の仏像はややほほえみ、足を組んで座しておられ、そのまわりには二〇体の小さな仏像が彫られている。両脇に立像が侍られ、向かって右の像は印を結んで赤い彩色のある数珠をたずさえておられる。仏像を拝してふり向けば、インダスの川畔とその向こうにカラコラムの連なる雪山を千里一望に収めることができる。

スカルドからマチュロへ

インダス本流沿いに岩のゴロゴロした道を行く。スカルドより三五キロメートルのカリス村では、河原に広がるアワ畑から刈り取って持ち帰った束を、木の棒でたたいて脱穀がおこなわれていた。大量の場合は家畜に踏ませて脱穀する。そして「タヌス」という木製の臼を用いて稃《ふ》を取り除く。この村からインダスと別れてシャヨック川に沿って車を進めたが通り過ぎる村は信じられないほど一面に見事なアワ畑で埋まっていた。このように村の畑全面にアワが栽培されている光景はいままで見たことがなく、まるで夢のなかの世界にいるのではないかというある種の深い感動を覚えた(口絵)。そして草丈の高い立派なキビ(「ツェツエ」と呼ぶ)との混植畑も見られた。ここではアワのいろいろな調理法があり、粉に挽いて団子状にしたものをギーで揚げて砂糖液につけて食べたり(「ラド」という)、「チャコール」という不発酵のパンや、穀粒のまま炊いてヒツジの肉、トウガラシ、食塩、スパイス

見事に実ったアワとキビの混植

などを入れた「ハレム」という調理品もある。

スカルドから一二〇キロのマチュロにはもうアワやキビは栽培されておらず、コムギ、オオムギ、ソバのみがつくられていた。村はずれの小高い丘に登り、そこから谷のはるか奥にマッシャブルム（七八二一メートル）の雄姿を望むことができた。その夜、満月が東の雪山のほとりから上り、月影が広い河床を洸々と照らしはじめた。音ひとつない静寂の支配する光の世界がそこに出現していたのであった。

インダス峡谷で大土石流に遭遇

一〇月一〇日、昨日、マチュロからスカルドに帰る途中から空がどんよりと曇り出し、何か不吉な感じの風が吹き出し、川の氾濫原に砂嵐が巻いていたが、今朝は早くから季節はずれの雨となった。雨のなかをインダス源流を下りギルギットに向かったが、行く手二ヶ所の谷間から土石流が大量に流れ出てトラックが埋まってしまい、道は通行不能になった。また、いきなり落雷のような大きな音が聞こえたと思うと、すぐ目の上の岩山の一角が崩れて目の前に猛烈な音とともに落下してきた。びっくりして人びとと共に安全な場所に走って避難した。やむなく少し戻って、アスコール・タナの谷間にある警察署にとどまることにした。どうやらフランスの観光客のマイクロバス一台、トラック三台、乗用車二台、国内人のマイクロバス二台、軍用ジープ一台が動けなくなり、約二五名が警察署に世話になることとなった。

幸いわれわれは寝袋を持っていたので、第一夜は椅子にもたれて斜めになって寝た。見上げると、山の中腹は初雪で真っ白になり、警察の窓ガラスは何枚も割れていてとても寒かった。

偶然にも、軍用ジープにはパキスタン軍特殊部隊の隊長（陸軍大佐）と副隊長（大尉）が乗っており、スカルドの基地からアトックフォートの本隊に帰る途中でブロックされたのである。この特殊部隊はハイジャックの救出やカラコラム山塊での登山者の遭難救助などをおこなっている。早速、隊長は村人をメッセンジャーとしてスカルド基地におくり、われわれを救出するための軍隊の派遣を要請した。

翌日も雨が降り続き、天気は回復しそうもない。警察の部屋は突然の招かざる客には狭すぎて、いろいろ問題が出てきて、二日目の夜は特殊部隊とわれわれは警察の留置場に寝ることになった。壁が厚くて、上に小窓があるだけで、部屋は暖かくて快適に寝ることができた。

一〇月一二日、とりあえず、雨の中を全員徒歩でスカルドに引き返すことになった。われわれは車と運転手を警察に残し、最小限の荷物を持って一〇時に出発した。道のいたるところに大きな岩が落下しており、岩の山を乗り越え乗り越え歩いたが、一行のなかにパキスタン人のお婆さんと娘がいて、お年寄りの手を引いて岩を乗り越えた。途中、茶店で昼食をとり、標高二〇〇〇メートルのダンブ・ダスに着き、そこの小さな病院の手術台の上で寝た。その日の行程は二〇キロ。夜になり雨はいっそう激しくなり、病院の天窓から雨が漏れ出した。

翌朝起きると、雨はやんで陽が差しており、山は美しい白い装いを見せていた。一個小隊の軍隊が食料などを持ち、われわれを救出に来てくれた。朝食とチャイにありついた。道には岩が落下して大きく崩れており、まるで道路建設現場のようであった。約一二キロ歩いて軍隊のトラックとジープに収容され、日暮れてようやくスカルドに戻ることができた。

新雪に輝く五〇〇〇メートル級の雪山に囲まれたスカルドに留まり、終日山を眺めて暮らしたり、町の南の高地にあるサッパラ湖に出かけたりしたが、下界からの物資補給が途絶えたため、まず鶏肉を皮切りに食料品が欠乏してきて、ホテルは閉鎖に追い込まれたので、やむなく小さな商人宿に移った。

ギルギット—スカルド・ルートは軍事上重要な道であり、そのため軍隊が出動して二週間かけて道の改修をおこない、一〇月二五日ついに開通し、待ちに待った運転手が車とともに上ってきた。

早速ギルギットに向けて出発したが、これがアスファルト道とは思えない惨状であった。警察のあるアスコール・タナから少し下ると、物凄い地滑りが起こっており、農家が何軒も土砂で押し潰されていた。もしこんな所まで下っていたとしたら、車もろとも土石流に押し流されてインダス源流に投げ込まれていたかもしれないと、一瞬肝を冷やす思いがした。

収集したアワに見出された三地方群

今回の旅で、チトラール地域には草丈が短いが、一株が多く分けつしていて、小さな穂をたくさん着けるアワが栽培されているのを見ることができた。これとは対象的に、フンザ地方やバルチスタン地方には草丈が高く、一本立ち（非分けつ型）で大きな穂を着けるアワが栽培されていることが判明した。そこで、収集したアワの変異について、さらに他の地域から収集された系統をも用いて、京都において比較栽培をおこない詳細な調査がおこなわれた。

その結果から、つぎのことがわかった。収集したアワのサンプルは三地方群、つまりチトラール群（I）、バルチスタン群（II）およびディール群（III）に大きく分けることができた。三群の地理的分布は図9に示されるが、チトラール群はチトラール地方とギルギット地方の西部に、バルチスタン群はフンザ地方とバルチスタン地方に、そしてディール群はディールとベシャム周辺に点々と見出された（Ochiai, et al., 1994）。

現地での観察によると、北西辺境州のチトラール地方からギルギット地方西部にかけては、草丈がせいぜい七〇センチと低く、多分けつ型で小さな穂を着けるアワが栽培されていた。ここのアワは、はじめに述べたように、この地域の西で国境を接するアフガニスタンに栽培されているアワと酷似していることがわかった。

さらにたいへん興味深いことに、これら三群のアワはまったく異なる地方名で呼ばれており、チトラール群のアワは「グラシック」「グラス」または「グラフ」などと呼ばれており、バルチスタン群のそれらは「チャ」「チェン」または「チーナ」と呼ばれていた。そしてディール群は「ゴホ」あるいは「ゴクトン」という呼称であった。

右記のことをまとめると、インド亜大陸西北部のカラコラム山村の三地域でアワを栽培している農家は、それぞれの地域で独特の在来品種を栽培し続けているのみならず、その呼称もまた異なっていることが明らかになった。これらのことは、ここではくわしく述べないが、収集したキビの特性と呼称にも対応していた。

今回の調査地域は、インド亜大陸西北部のきわめて限られた地域ではあるが、この付近の民族と言語の分布は複雑多岐にわたるといわれている。それぞれの言語を話している人びとが、独自の形態的特性をもったアワの在来品種を大切に維持して栽培していることを今回の調査結果は示している。

右に述べた三地域は、標高三〇〇〇メートルを越す急峻な峠や山々、インダス川源流の深い峡谷によって互いに隔離されてきたが、最近は車両による往来も可能になった。しかし、あるひとつの言語

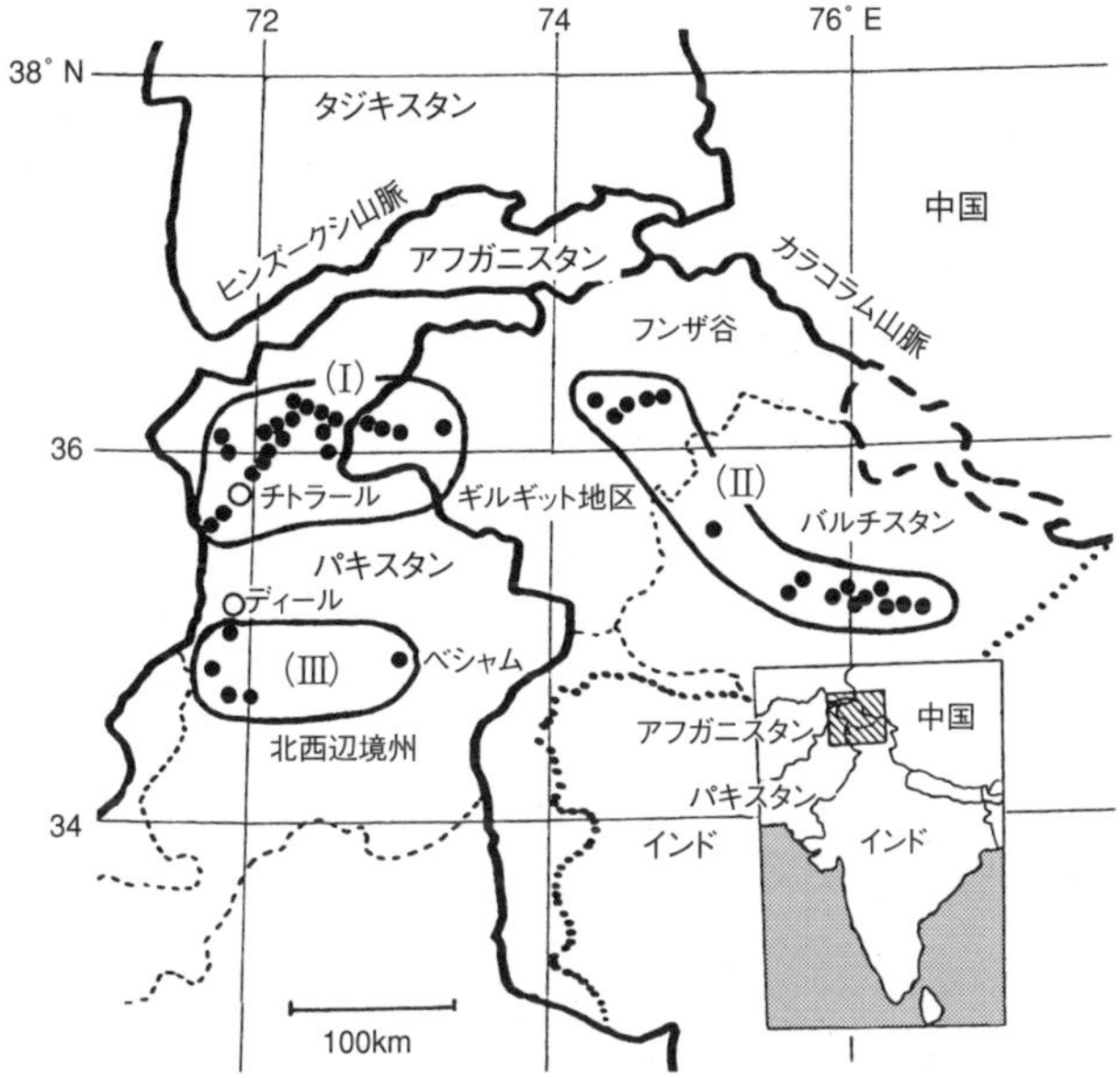

図9　パキスタン北西部におけるアワのチトラール群（I）、バルチスタン群（II）およびディール群（III）の分布

（Ochiai et al., 1994）

さまざまなタイプのアワの穂

を話す地域で栽培されているアワの在来品種が、他の地域に導入されて栽培されていないことを明らかに示しており、きわめて興味深いことであるといえよう。

第7章 トルコからヨーロッパにかけて

トルコ・アナトリア高原のキビ

トルコにおける野外調査は、いままでの経験からも調査許可を必要とし、その取得には長時間を必要とすることがわかっていた。一九八〇年六月二二日、二年後のトルコ調査の許可を得るために、エーゲ海岸イズミールの北四〇キロのメネメンにあるエーゲ地域農業研究所を訪れた。

イスタンブールからバスに乗って南下したが、途中、野生コムギやその近縁属植物の群生する丘陵地帯のいくつかの峠を越え一一時間かかってイズミールに到着した。研究所で共同調査の了承を得て、帰路、気になる場所を調べるために、ビガデッシュという小さな町で下車し、道沿いにあった小さな商人宿に投宿した。夕食のために隣りの食堂に行くと、ドイツ語をぺらぺら喋る「ギャートルズ」そっくりのオヤジと仲良くなった。このオヤジが近所の男たち数人と私たち二人を誘い、ビールを提げて涼風を求めて、峠の中腹にある茶店まで車で行き、洸々と照る月影の下で、美しく瞬く、遠く近くの村の灯を眺めて楽しんだ。

翌朝、リュックを担いで峠をめざした。そこは案の定、黒色と黄色の穂のものが混生する野生一粒系コムギの群生する場所であった。葉に毛のあるものやないもの、穎が有毛のものや無毛のものなど、とても多型的な集団が、棘の多い灌木の茂みが点在する草地に存在した。五種のエギロプス属植物(*Aegilops*)や他のイネ科植物も採集できた。帰路、ムギ畑でマカロニコムギ、パンコムギ、ライムギ、雑草のドクムギなどを収集した。上記のことをふまえて、一九八二年七月末より約一ヶ月間北部トルコの黒海沿岸地域とアナトリア東北部に重点をおき、コムギ、オオムギ、ライムギ、エンバクおよびそれらに近縁野生種や、キビや、レンズマメ、ヒヨコマメなどのマメ類ならびに耕地随伴雑草の調査と収集を、エーゲ地域農業研究所の研究者とともに共同でおこなった。

アナトリア高原のキビ

イズミールを発ってイスタンブールに通じる幹線道路を北上し、シンドルギより西にそれてゲルキュ村に通じる田舎道のそばの畑で栽培されているキビに出会った。すでに刈り取りが済み、畑一面に刈束が乾かしてあった。近くの農家の人に尋ねると、家畜の餌としてつくっており食べないという。

ここからルートを北にとり、ブルサ、アダパザルを経て、トルコ北部のボルに近い標高二〇〇〇メートルの丘陵部の農村に入った。ここは黒海沿岸に近いが、夏でも冷涼で雨の多い地方である。コムギ、オオムギ、エンバクとともにキビが栽培されており、あちこちにキビ畑が点在していた。

近くの村でちょうど老若の村人たちが総出でパン焼きをやっており、香ばしい匂いが漂っていた。パン生地を丸めたり、カマドから出し入れしたり、忙しそうに働いているお年寄りに、キビのことを聞いてみた。この地方ではキビは「クンダリ」と呼んでいるが、穀粒を粗碾きして牛乳とともに煮て、砂糖で甘く味つけした「ウーレ」をつくるという。

ある農家で食べた焼き立てのドーナツ型のパン

さらにそこから三〇キロ東の二条オオムギの畑のなかに、ライムギとともにごくわずかであるが、一粒系コムギが混植され飼料用に栽培されていた。この古いコムギは、いまから二〇年前までは夏の気温が比較的冷涼なこの地方で広く栽培されていたが、近年になって急速にそれが減少し、いまでは痕跡的にしか見出せないことを示していた。

トルコ東北部へ

黒海沿岸はトルコの他の地域と気候がまったく異なり、雨量が多く、夏は涼しくて冬は温和なため、海岸から幅二〇キロの山の斜面にかけて、チャやセイヨウハシバミの栽培がさかんで豊かな農業地帯を形成している。とくにチャは一九三九年にロシアから導入されて栽培が広がり、国内需要の紅茶の九〇パーセントをまかなう重要な作物になっている。その中心地リゼには茶研究所があり、所内の丘の上の茶店では町の人びとに無料で紅茶の接待がおこなわれていた。またこの付近の海岸平地には日本型に類似する赤米のイネの栽培も見受けられた。

ソ連国境に近いアルトヴァン付近は深い峡谷が峨々たる岩山に切り込み勇壮な景観を呈する。ここに住んでいる人びとの顔立ちはぐっと東洋的な感じがした。渓谷より山腹に上ると非常に乾燥したムギ畑とともに、農家のまわりにはリンゴ、スモモ、アンズ、ザクロ、クワ、ブドウなどの果樹園が散在し、イラン高原に似た雰囲気が漂っている。

一日がかりで三〇〇〇メートルの峠を越えたが、モミ、マツ、ビャクシンの針葉樹林を拓いた山村の農家は木造で、丸太を組んだ校倉式の倉もあった。フウロソウ、リンドウ、マツムシソウ、ヤグルマギクの仲間などが咲き乱れる採草地が森林と交錯し、山頂付近の広大なスロープはヒツジやウシの夏の放牧地となっており、水場の近くには家畜を追い込む囲いのついた夏営地が点在していた。

この山岳地帯を越えると景観は一変し、標高二〇〇〇メートルの緩やかな起伏のある春播コムギ地帯となり、出穂したばかりの青々としたムギ畑が続く。あたりは一本の木もなく、「テゼク」と呼ばれる牛糞を固めて乾かした菱型の燃料が、農家のまわりに山のように積み上げられていた。

エルズルム付近も冷涼な高原地帯で、コムギ、ジャガイモ、テンサイ、レンズマメ、アルファルファの栽培がさかんである。コムギ畑にはライムギの混入率が高く、また路傍には多年生ライムギの *Secale montanum* がしばしば群生していた。

エルジンカンは雪渓を頂く巨大な山塊に南北を囲まれた農業のさかんな盆地である。これは町はずれにある国立農場とそれに併設された農業学校の活動に負うところが大きい。ここでは穀類のみならず、蔬菜、果樹、畜産、養蜂にいたるまでの幅広い導入試験がおこなわれており、近郊農村より選ばれた三〇〇人の男女学生が三年間の農業・家政教育を終えて帰農している。このようにしてかなり組織的な農業の近代化が進められている。

フリント（火打石）を脱穀板に埋め込んでそれをロバやウマに牽かせる伝統的な脱穀風景がごくわずかな場所で見られたが、多くの地域では麦作は大型機械を用いて耕起から収穫にいたるまで大農式におこなわれており、それを反映してコムギやオオムギの在来品種は近代品種におきかえられ、広い地域で品種の単純化が急速に起こっていた。

それとともに、たとえばいままでトルコの病害リストになかった病原菌が蔓延し、いったん上昇した収量が急速に低下し、トルコでもコムギ品種の単一化や育種にたいする見直しが問題となっており、トルコの在来種遺伝資源の収集・保存のセンターであるエーゲ地域農業研究所の役割が重要視されるようになっていた。

ルーマニアの雑穀

ルーマニアのキビ

ルーマニアの首都ブカレストから、汽車で一時間の旅をすると、フンドレアに着く。ここはドナウ川に沿ってできた広々とした沖積平野の中心部にあたり、機械化農業が進んだ地方である。

一九七七年、私はここにある有名な農業研究所を訪れ、「ルーマニアの雑穀を調べたいが……」と話を切り出してみた。すると研究者たちは口をそろえるようにキビやアワは数百年前にとっくに姿を消してしまったという。その帰途、フンドレアの駅構内の線路の間に、点々とキビの小さい芽生えが見られるではないか。おそらくどこかの地方から貨車で運ばれてきたキビの種子が線路の間に発芽したものであろう。

日本でもそうであるが、洋の東西を問わず、農業研究にたずさわる人びとは、農業の近代化に旺盛な研究欲があるが、その国の伝統的な農作物や農耕技術については、関心がきわめて少ない傾向が強い。

ブカレストから夜行列車に乗ると、朝早くクルージに着く。ここはトランシルバニア地方の文化の中心地で、いまなおヨーロッパ中世の佇まいが残る落ち着いた町である。この町を起点に、西のオラデア、北のサツマーレとビストリッツア、東のヤーシとツルチャ地方の農村を訪ね歩いた。トランシルバニア地方の山村では、キビがごくわずか残存していたが、アワはほとんど姿を消し、夏作の穀類はトウモロコシにかわってしまったところが多い。モロコシはあちこちの村で栽培されており、穂が疎穂で広がっているホウキモロコシで、箒として用いられていた。

キビ料理のママリガ

雑穀のうちでとくにキビは、ルーマニア東部の農村ではかなり大量に栽培されていたという記録が

ホウキモロコシを栽培する農家

あり、中世のモルダヴィアの一地方の領主は「キビの王」と呼ばれていた。この呼称はクルージの図書館の文献で知ることができた。

またキビを粗碾きして熱湯で練り「ママリガ」という碾き割り粥の一種とみなされる伝統的な食べ物があることがわかった。このキビ料理ママリガには二つのつくり方がある。モルダヴィア地方では、食塩を加えた熱湯に、キビの粗碾き粉を徐々に加え、「ファカレット」と呼ぶ棒を用いてだんだん固いお粥に練ってゆき、そのあと一〇～一五分熱してつくる。他の地方では熱湯に粗碾き粉を一度に入れて、それを熱しながら三〇分間かき混ぜてつくる方法である。

ハンガリー国境に近いオラデアで、その町の博物館が発掘した六世紀のビハリアという遺跡を訪ねた。出土したキビの炭化種子をもらい受ける。館長の話では、故郷のフネドレア地方で、子どものころ、祖父がキビを栽培しており、それでママリガをつくってくれたという。またキビから「ミエド」という飲み物をつくったという話も聞くことができた。

現在ルーマニアのママリガは、新大陸発見後ヨーロッパに導入されたトウモロコシからつくられている。素材は取ってかわられたが、料理名はそのまま受け継がれているのだ。イタリアにもトウモロコシでつくる「ポレンタ」という碾き割り粥があるが、それも元来キビでつくったという。

雑草キビは祖先野生種か

ルーマニア東北部のソ連国境に接したモルダヴィア地方の中心地、ヤーシの郊外において、栽培型のキビによく似た雑草キビを発見した。この植物は道路とダイズ畑の間の幅約一メートルの空き地に一面に群生し、頴果が容易に脱落する雑草であった。この雑草はキビよりも草丈が低く、穂はやや散開型であり、穂につく小穂数は少なく、頴はやや小さく、熟すると頴果が容易に脱落する点はキビと異なっていた。しかし葉鞘や葉は有毛であり、とくにヨーロッパから中東地方にかけて栽培されているキビとよく似た特徴を示している。

ヤーシ農業研究所の農学者によれば、この植物はトウモロコシ畑の周辺にも侵入しており、畑の雑

雑草キビの穂

草防除のために除草剤のアトラジンを散布しはじめたが、この雑草はアトラジンにきわめて高い抵抗性があったため、約五年ほどの間に急速に群生するようになったとのことである。

帰国して文献を調べてみると、この雑草キビときわめて形態が類似した植物が、一九三七年現在の中国東北部で最初に記載され、キビに酷似するので *Panicum miliaceum* var. *ruderale* と命名されていた。その後、シベリア、モンゴリア、中央アジア、イラン東部、ヨーロッパでその分布が報告されている。つまり栽培キビにきわめて近縁の雑草キビが、ユーラシア大陸の広い地域に分布していることがわかった。

この植物は、いままでまったく不明であった栽培型のキビの祖先野生種として有力な候補者と考えてもよいと私は思っている。なぜなら、いろいろなイネ科穀類の祖先野生種は、人間の生活活動によって撹乱された環境に適応した雑草性植物として見出されるからである。

フランス・ロアール川流域への旅

ルーマニアの帰途、パリに立ち寄り、フランスのアワの栽培を見ることを考えついた。

幸いパリには、私の若いころから親しい農学者のイボンヌ・コーデロン女史（I. Cauderon）がおり、彼女に案内してもらうことになった。女史はイネ科カモジグサ属植物研究の先輩であった。

アワの穂刈り

パリから高速道路を西南方向に車で走ると、広々とした沃野に道が一直線に果てしなく続いている。まもなく地平線の彼方にシャルトルの町の教会の尖塔が現れてくる。ルマンを過ぎてロアール川の支流域に下る。アワを栽培しているクオン村は、緑の森と耕地が交錯する平野の真ん中にあった。

この村では昔からアワを栽培しており、いまは小鳥の餌用に七〇〇ヘクタールの畑で二〇〇〇トンも収穫され、立派な出荷組合ができていた。この村には四品種のアワがあった。在来種のアンジュ、ブルゴーニュ、両者の雑種から選択されたブルガンジュおよび早生アンジュという三ヶ月で成熟する品種である。

ここメエン・エ・ロアール県では五月末に種子を播き、九月上旬～下旬に収穫する。収穫は小型のナイフを用い、穂の下一五センチのところで穂刈りする。いまは機械で脱穀しているが、伝統的には「フロー」と呼ぶ殻竿があり、その実物を見ることができた。

文献によると、アワは「パニ」と呼ばれ、一九世紀末に三〇県で三万五〇〇〇ヘクタールも栽培されていた。とくに西南部のランド地方では、かってアワはたいへん重要な作物で、ライムギの畑に播種され、六月にライムギを収穫すると、その畑はアワ畑となり、秋に収穫するというつくり方がおこなわれていた。

この地方では一九世紀末までアワを食用にしており、粗碾きした粉を熱湯と混ぜ「ミヤ」という粗碾き粥がつくられていた。いまはトウモロコシからつくるという。ルーマニアのママリガやイタリアのポレンタとまったく同じ料理があったのである。このように見ると、あまり一般には知られていないが、ヨーロッパではキビとアワがかなり最近まで、重要な夏作の穀類として広汎に栽培され、食用にされていたことがわかる。

III ムギ類とその近縁属植物の探索

第1章

メソポタミア北部高地へ

ムギの祖先野生種をもとめて

イラクとイランの国境を形づくるザグロス山脈と、トルコ南部のトロス山脈の山麓地帯は、いわゆる「肥沃な三日月地帯」の東の部分にあたり、ムギ類の起源を考えるうえで、もっとも重要な地域と考えられていた。

そこには、体細胞染色体数二八の野生四倍性コムギ（*Triticum dicoccoides* および *Tr. araraticum*）とともに、その祖先種と考えられる野生二倍種の野生一粒系コムギ（*Tr. boeoticum*）とクサビコムギ（*Ae. speltoides*）が四倍種と混生している大集団が知られていた。しかしいままでに、この地域のくわしい現地調査はいろいろな事情でなされていなかった。

さらにこの地域の新石器時代の遺跡の発掘が組織的におこなわれており、ジャルモ、アリ・コシュ、チャタル・ヒユク、ハジラルなどの発掘で、紀元前七〇〇〇年ごろにこの地域で二粒系コムギとオオムギを主体とするムギ農耕が開始されていたことが明らかにされており、そこがどんな自然環境の場所であるかを、自分の目で確かめることも大切なことであった。

さらにまた、この地域にはコムギやオオムギ以外に、私がもっとも関心を抱いている、ムギ類の属するコムギ連植物（tribe Triticeae）のさまざまな属や種が分布することでも知られており、それらがどんな環境に生育しているかを確かめ、採集することも私にとってとても大切な焦眉の課題であった。

以上のような諸問題を解明する目的で、京都大学メソポタミア北部高地植物調査隊（隊長：山下孝介教授）が一九七〇年五月に派遣され、私も一隊員として参加した。まず最初は、イラクの首都、バグダッドを基地として、ザグロス山脈の西麓一帯のイラキ・クルディスタン地方を調査することからはじめる計画を立てた。

バグダッドにて

クルディスタンを旅するには、イラク政府の特別の許可を必要とした。当時この地方に住むクルド族は、過去一〇年にわたり、自治権を要求してイラク政府と内戦状態にあり、イラン側に住むクルドの人たちがイラク側のクルド族を蔭で支援しているとのことで、イラクとイランの国境は完全に閉鎖されていた。出発前、日本国外務省からは外国人が現地旅行をすることは不可能なので行ってはいけないと言われていた。

しかし、よく調べてみると、その年の三月に休戦協定が結ばれたばかりであり、われわれは現地交渉を建前としていたので、外務省の勧告をまったく無視して、とにかくバグダッドへやってきた。現地の日本大使館の協力を得、また前もって連絡をとっていたアブグレイブ農業試験場をつうじてイラク政府に働きかけることを考えていた。

バグダッドの約二〇キロ郊外にアブグレイブ農業試験場があり、そこにはイラクで採集された植物が保存されていたので、それをまず調べたいと思って訪ねてみた。

標本室のキュレーターのオマル氏（S. A. Omar）は、「イラクの植物はすべて採集され、ここに多数の標本があり、イギリスの王立キュー植物園と共同で、すでにイラク植物誌（英文）も数冊出版されている。いまごろ日本から何しにきたか」と、われわれに対する態度は冷たかった。帰り際、オマル氏は誇らしげに『イラク植物誌第九巻イネ科』（一九六八年）と、第一巻と第二巻（ともに一九六六年）を贈ってくれたが、いずれも見事な植物の挿絵の入った立派な本であった。

ホテルへの帰途、ふと第九巻をひもとくと、一二種のイネ科植物の種の記載の末尾に、たとえば、「2n=14（Sakamoto）」という染色体数の記述のあることを発見した。この巻の編者は上述の植物園のボール博士（N. L. Bor）である。そのとき私はハッと次のことを思いあたった。

一九五五年、京都大学カラコラム・ヒンズークシ学術探検隊は、パキスタン、アフガニスタン、イランで多数の栽培植物や野生植物を収集した。そのなかの栽培穀類に直接関係のない野生イネ科植物の研究を村松幹夫氏と私が分担した。その調査報告を書く段階で、われわれが調べた植物の種の同定にあやまりがないか、各系統の押し葉標本とくわしいデータをボール博士に送り、アノテーションを依頼したのであった。おそらくこのとき、彼はイラクのイネ科の植物誌を書いていたにちがいない。早速、イラクにも分布する種について、押し葉標本も添付しておいたので、われわれの未発表データを引用してくれたのだった。

翌日、私は喜び勇んで再び試験場を訪ね、オマル氏の本に出てくる「Sakamoto」は私であることを告げた。彼にとってまさに青天の霹靂だったにちがいない。途端に彼の冷たい態度はガラリと変わり、日本大使館の人びとともに協力して、調査許可を取得することを積極的に助けてくれた。連日の政府との交渉の結果、自由に旅ができる許可をもらうことができたことは、たいへん幸運であった。オマル氏は挙句の果てに、われわれに同行して約一〇日間、ザグロス山麓やジャバル・シンジャール山塊を旅することになった。

また、今回の活動域は山麓や高原地帯など広範囲な地域なので、トヨタから寄贈されたランドクルーザーを海路バスラへ別送しておいた。これを通関するため夜行列車でバスラに向かったが、翌朝着いてみると、すでにバグダッドへ向け輸送中という返事が返ってきた。再び汽車に乗り、途中、駅を過ぎるたびに貨車に目を光らせた。

アシが一面に生える湿地に散在するアシの丸屋に、「沼沢地アラブ人」(Marsh Arabs) の生活を車窓から垣間見た。メソポタミア文明のウル遺跡の近くを過ぎた。アル・ヒーラの町を過ぎたところで貨物列車を追い越した。あった！ わが車は無蓋車に格好よく積まれていた。機関車は湯気を立てていた。翌日ぶじ車の通関が終わり、出発準備は完了した。

野生コムギの群生

バグダッドより東へイランとの国境の町、カナキンへ通ずる道をたどり、途中からシルヴァン川の広い川床に沿って進むと、徐々に緩やかな丘陵地帯になるが、そこには素晴らしく広大なイネ科植物の群生するアッシリア・ステップ帯が広がり、そこに足を入れたのだ。小さなワジ (雨季にのみ水が流れる谷間) にクサビコムギ、野生オオムギ、とても風変りな穂をもつヘテランセリウム・ピリフェルム (*Heteranthelium piliferum*)、クリソプシス・デリレアナ (*Crithopsis delileana*) やタエニアセルム属 (*Taeniatherum*) などの野生コムギ連植物が生えていた。棘だらけの赤紫色や黄色の花をつけるアザミの仲間がイネ科草原に点在する。

やがて標高六〇〇メートルにまで上がると、ザグロス山脈の山麓地帯に入る (口絵)。穂が真っ黒に熟すマカロニコムギ（*Tr. durum*）の畑が現れ、ウシの群れを追うクルド人に出会う。クルド族の生活圏内に入ったのだ。路傍の茶店での昼食はナーンとオクラを煮込んだスープである。川筋に沿って野生のキョウチクトウが生え、その真っ赤な花がやや荒涼とした景観にうるおいを与えている。

クルド族の町、スライマニアに近づくにつれて、一本の木も生えていない乾燥した山なみの緩やかな起伏が続き、あたりはおおらかな高原地帯となり、コムギ畑や放牧地が交錯し、カシの疎林が広がるようになった。

この町の南のカシの疎林で、初めて野生コムギの群生地にぶつかった。そこから山の全斜面に野生

コムギを収穫中のクルドの人びと

野生コムギ3種の混生状態

四倍性コムギ、野生一粒系コムギ、クサビコムギが群生し、さらに栽培オオムギの祖先野生種の群落が見出された。よく見るとこの野生四倍性コムギは、トランスコーカサスのアルメニアコムギにたいへんよく似ていた。この付近の調査でわかったことは、とくに野生四倍性コムギがカシの疎林のなかに生育していることであった。

広大なザグロス山系の山麓地帯に入り、いったい、どこを調査したらよいのか、地図をにらんでいただけではわからない。よほど具体的な目標や情報をもって出かけても、現地に入るとまったく茫洋として、大海のなかにほうり出された感じになる。

このようなとき重要なのは、とにかく目を皿のようにして、まわりの状況をよく観察し、自分の追い求める植物の生態的背景をよく把握することだ。それを怠ると短期間には所期の目的が達せられない。野生四倍性コムギがカシの疎林と密接に結びついていることがわかってからは、かなり効率よく自然集団を見出すことができた。

さらにエルビルへの道をたどり標高八〇〇メートルの峠にいたる。遥か向うにスライマニアの町がかすみ、川に沿った盆地は耕地と放牧地がモザイク状に展開して美しい。付近には野生コムギや野生オオムギが群生し、ムギ農耕のふるさとをイメージするには、ふさわしい場所だと思った。

ザグロス山麓のカシの木に野生のブドウがまといつき、まだ青々とした未熟の房が垂れ下がっていた。ここには野生のナシや野生のピスタチオもたくさん生えていた。近くに住む村人に聞いてみると、いまなお人びとはこれらの野生のブドウやナシを採集し、食用として利用しているという。苗を植えたばかりのタバコ畑のまわりの草叢に鮮やかな黄色の野生バラ（*Rosa foetida*）が目を惹いた。

緩やかな山の斜面に生えるカシの疎林に入って、野生コムギや野生オオムギの調査に熱中していると（口絵）、いつのまにか、どこからともなく現れたクルド族の民兵たちに取り囲まれていた。休戦中のパトロール隊で、頭に縞模様の布を巻きつけ、だぶついたモンペ様のズボンをはき、腰に布を巻き、布で巧みにつくった靴をはいたクルド独特の出で立ちで、立派なひげを蓄えている。各人思い思いの銃を持ち、スタイルにも行動にも隙がない。

パトロール中のクルド族の民兵

主要な町の入口にはイラク軍の検問所があって、われわれのパスポートと調査許可書はチェックを受けた。ザグロス山麓の田舎に宿泊すると、かならず目つきの鋭い私服が現れてわれわれを検問した。当時は、イラクとイランの国境はクルド族問題で完全に閉鎖され、かなり緊張していたからである。そこを、われわれ外国人が旅していたのであるから仕方がないのだ。

ジャルモの遺跡をたずねる

ジャルモ（Jarmo）は紀元前七〇〇〇年の新石器時代のもっとも初原的なムギ農耕村落共同体の遺跡で、原始的な栽培二粒系コムギと栽培オオムギが出土した場所である。この旅の最大の関心事のひとつは、この遺跡をたずねることであった。

五月三〇日、スライマニアからバグダッドへの帰路は、石油の町、キルクークへの道をとった。小さな峠を越えると、あたりの景観はカシ疎林帯からステップの乾燥した風景に変わった。礫が斜めに走った岩地があちこちに見える。ジャルモに通じる道がなかなかわからない。ようやく乾いた畑の間を縫う小径を発見してたどると、小さな集落に出た。十数軒の日干しレンガ造りの壊れかかったような家が、広場を中心に静まり返っていた。

車に乗った突然の訪問客に、村の長らしい古老と数人の村人が出てきた。ジャルモへの道を聞く。古老が銃を肩に車に乗り込み案内するという。村はずれから車がいまにも横転しそうな急斜面を河床に下る。河床を走り、支流を上り、再び丘陵部へ出た。かすかに轍の跡がたどれる。ジャルモの発掘を指揮したシカゴ大学オリエント研究所のブレイドウッド博士（R. J. Braidwood）もここを通ったのであろう。

ジャルモ遺跡の発掘調査報告によれば、「一九四八年から一九六〇年にかけて発掘したイラキ・クルディスタンの多くの遺跡のなかで、ジャルモは世界でもっとも古い初期農耕文化村落共同体の遺跡のひとつである。ここはザグロス山脈の西側斜面のカシ‐ピスタチオ樹林帯に属する標高八〇〇メートルの場所で、キルクークという町の東方の丘陵地帯に位置する。この村落は一万三〇〇〇平方メートルの広さがあり、約二〇〇人が住んでいたと推定されている。発掘の結果、深さ七・五メートルにわたって一二層に分かれ、上部三分の一には土器を伴出するが、下層は先土器時代のものである。放射性同位炭素年代測定の結果、もっとも信頼しうる値は西暦紀元前六七五〇プラスマイナス二〇〇年であるが、九〇〇〇年（?）の値も出ている。ジャルモの人びとはオオムギと二種のコムギを栽培した。エンドウやピスタチオの炭化種子も出土している。ムギを刈るための石鎌、穀物をすりつぶすための石臼、それを炒るためのかまどやかゆを食べる石碗などをつくった。またヤギ、ヒツジ、イヌ、そして最終期にはブタの飼育が明らかにされている。また多数のカタツムリを食用としていた」と述べられている。

突然、古老が「ジャルモ！」と叫んだ。車を降りると、一面に栽培オオムギの祖先である野生オオムギの群生する場所だ。遺跡の端ががけ崩れしていて、その断面には九〇〇〇年前のジャルモの人びとが食べた動物の骨やカタツムリの殻が露出し、地面には黒曜石やフリント（火打石）の細石器が散乱している。風の吹き溜まりに野生オオムギの熟した穂が落下しているのを見ていると、当時の人びとの生活が彷彿として眼前に浮かび上がってくるのであった。

イラク北部の旅

六月六日、バグダッドを早朝発って、イラク北部の中心地、モスルをめざす。沿道はほとんど乾燥しきったステップ帯で、あまり耕地も見られない。道の前方には陽炎が立ち、まるで海に囲まれた島のなかの一本道をかぎりなく走っているように錯覚する。向こうからやってくるトラックは陽炎のために浮いたように見える。

途中、チグリス川畔にあるサマラに立ち寄る。ここには時代を異にする町の遺跡が保存されており、シーア派の聖地で有名なゴールデン・モスクが光り輝いている。印象的なスパイラル・ミナレットを四一四段ぐるぐる歩いて塔の天辺まで登り、強風に吹き飛ばされそうになりながら、広大な遺跡や町を一望に眺めることができた。その向こうにチグリス川の青い流れが一線を画していた。

モスルはチグリス川畔に発展した町で、近くには古川床の東に広がる有名なニネベの遺跡があり、多くの粘土板や有翼人面獅子像などを見学できた。町角で珍しい「パチャ」というヒツジ料理を食べる。鍋のなかにヒツジの頭部をぶった切りにして煮たもので、耳の軟骨、脳みそ、目玉などが入っていてとても油っこい下手物料理であるが、味は美味かった。ナツメヤシから造る蒸留酒の「アラック」を飲む。水で割ると白く濁る地酒である。

モスルを基点として、西は乾燥したサバンナ帯を通り抜け、シリアとの国境に近いジャバル・シンジャール山塊山麓で野生二粒系コムギやクサビコムギを採集した。

六月一〇日、モスルからエルビルを経てイラン国境に近いシャクラワ、サルサングやロワンダズなどザグロス山麓に点在する夏の避暑地を訪ね、ムギ類植物を探索した。さらにモスルに戻り、北部イラクのさいはてのアマーディーアまで足を延ばした。

サマラにあるシーア派の大本山、ゴールデン・モスク

この地域の調査を点描すると、路傍に広がる放棄された畑に野生一粒系コムギのたいへん均一な大集団が見出されたが、おそらく短期間に形成されたものであろう。またこの付近ではクサビコムギをはじめ多年生の野生オオムギなどコムギ連に属する多種類の野生種を観察でき採集に熱中した。また、とある村はずれのカシの疎林には野生四倍性コムギが路傍にまで溢れるように群生していた。その近くに一群のジプシーの人たちがキャンプしており、カシやクルミの木で細工したスプーン、フォーク、ステッキなどを道端に並べて売っていた。それらには焼き火箸で描いた簡単な模様が刻まれていたが、そのパターンは博物館で見た古代の壷の装飾を想い出させた。

ナーンとタンナワー

さて、イラクを旅して、われわれがいつも口にしていたのは、無発酵パンのチャパティやヨーロッパ風の発酵パンではなく、ナーンやタンナワーであった。これらは、ともに全粒粉の小麦粉でつくる半発酵パンと分類されるものである。

ナーンは直径約六〇センチ、厚さ一センチの平たいパンで、これを、ヒツジの肉の塊を一〇切れほどを太くて平たい鉄の串に刺して焼いた「テッカ」とともに頬張るようにして食べる。大きな皿に載っているナーンとテッカには、トマト、タマネギ、シャロット、コリアンダーの葉が添えてあり、パンや肉と対照的な色が食欲をそそる。スパイスの粉と食塩が小さいガラス容器に入っていた。手でナーンをちぎり、串からはずした肉の塊と野菜を包んで、スパイスと塩をふりかけ、頬張るように食べると、なかなかオツな味であった。

昼食のため道端にたたずむ町はずれの食堂に入ると、大勢の髭面の男客たちが長い机に座って食事の真っ最中である。新しい客が来ると、片手にナーンを重ねて担いだ中年の男が、机の上を素足でバタバタ歩きながらナーンをほうるように客の前に投げて行く。これはたまらんと思っていると、そこへスープ入りの皿が配られる。店の入り口のそばにあった大きなステンレスの鍋の、ヒツジの肉と輪

町はずれの食堂にて

切りにしたズッキーニを煮込んだうまそうなスープがこれなのだ。土地の人はスープにナーンをちぎって入れ、少し混ぜてはつまみ上げてうまそうに食べていた。

タンナワーはドロドロのドウを平たい鍋の上にうすく広げて焼き上げたパンだ。直径六〇センチほどの紙のようなパンで、向こう側がすけて見えるほど薄く、折り畳むことができる。これにヒツジの焼肉の「ケバーブ」を包んで食べると、パンの香ばしい香りとヒツジの肉の脂の匂いが混ざり合って、とてつもなくうまい味がする。

コムギは世界でもっとも広く栽培されている穀類で、一〇億以上の人びとがこれをいろいろな形で食べており、世界全体からみて他のどの穀類よりも多くの恩恵を食生活のなかで人びとに与えている。

コムギを食べるためにはいろいろな調理法があるが、一般的には粉食で、中東・ヨーロッパを中心に発達したパン類と、中国北部で発祥し東アジアにポピュラーな麺類とがある。

しかし、もっとも古い利用方法は種子を炒る方法であったであろう。この方法は脱穀しにくい硬い頴で包まれた野生コムギ、栽培一粒系コムギおよびエンマーコムギの場合には、穂全体を火にくべて脱穀したことが考えられる。炒ったコムギの種子は、長期の保存にもよく耐えうることが容易に理解されたにちがいない。また、穀粒を粗く砕いて（碾き割って）、これを水で煮て粥として食べたことも考えられる。この方法は二、三の地域でいまなお見られるが、エンバク、モロコシなど他の穀類で広く用いられている調理法である。

穀粒を粉にする製粉技術は、石臼の発達と関係がある。石臼の原型は一万年前ごろに出現したことが遺跡の出土品から知られており、叩いて穀粒をつぶす「つきうす」と、上下の石で穀粒を擂る「すりうす」が出土している。ムギ類の穀粒を製粉するには後者の臼を用いる方が容易であった。

発酵の技術が進歩する以前は、コムギを製粉して水と混ぜて生地（ドウ）をつくり、これを延ばして焼く無発酵のパンがつくられた。これはインド、ネパール、パキスタンなどに広く見られるチャパティである。少し発酵させて焼いたものがナーンやタンナワーである。

小麦粉を水でこねて酵母またはパン種を加えてつくる発酵パンは、古代エジプトではじまったとされ、ヨーロッパでその製パン技術がよく発達し、現在世界でふつうに食べられている、われわれにもっとも馴染み深いパンである。

イラクよりトルコ東部へ

前に述べたように、クルド族問題で、イラク - イラン国境は完全に閉鎖されており、イラン側のザグロス山麓の野生コムギを調べるためには、イラクからトルコ東部を経てイランに入るという大迂回を余儀なくされた。六月二六日、国境の町ザホーからトルコに入り、マルディン、ディヤルバクル、エラーズ、ワンを経てドーバヤジットにいたり、イランに越境した。

マルディンを出て峡谷から広大な沃野の高原地帯に上ると、果てしない麦秋のムギ畑と褐色の休閑畑が交錯する美しい大地が広がる。イラクとは異なり、ここでは機械化された農業がおこなわれている。

チグリス川源流のアナトリア高原のムギ畑

ディヤルバクルはチグリス川畔の見事な城壁に囲まれた町である。このあたりになるとチグリスの川幅は狭くなるが、その流れは悠揚として変わらない。

この町の東方の村はずれに点々と背の低いカシが生える岩山

脱穀板を用いたコムギの脱穀風景

がある。岩の窪みに野生二粒系コムギや栽培オオムギの祖先野生種が生えていたが、イラクのカシの疎林の群生状態とは大きく異なる。ここから西へマラティヤまで踏査したが、野生一粒系コムギ、さまざまなコムギ近縁種とともに、穂の形態がきわめて特異的で変異の多いムティカコムギ（*Ae. mutica*）が群生しているのを私は初めて見ることができた。

エラーズよりビンゲルへの道をたどると、道端でコムギの脱穀風景に出会った。タテ二・五メートル、幅一メートルの厚い板をウシに引かせて、その上に髭面の男が椅子に腰かけて乗り、のんびりと脱穀場に広げたコムギの束の上を廻っている。これは伝統的な脱穀板を用いた脱穀なのだ。板の裏にはフリントの破片がタテに約五〇〇〇個ぎっしりと埋め込まれており、コールタールで止められている。

エラーズの市場を訪ねると、農具店には立派な脱穀板が立てかけてあり、とある店の片隅に真新しいフリントの破片を売る店があった。

その店のオヤジが私の手をとり市場の外へ連れ出した。言葉がわからなかったが、しきりに北の山を指さしたので、そこがフリントの産地のようだった。ジャルモの遺跡で表面採集したフリントとよく似たもので、石器がこんな形で現代の農業にも用いられているのを知り、とても印象的だった。

アララット山を望む

ワン湖畔の岩場に生える野生のタルホコムギ

ムスよりワン湖にいたる地帯は広々とした高原盆地が展開し、カシの疎林もよく発達している。ここはコムギ、オオムギ、トウモロコシの栽培がさかんであるが、農家のまわりには冬期の家畜用の干草がうず高く積まれていて、その背景には雪がかなり低くまで残っている山々を望むことができ、冬の寒さの厳しい地方であることを示している。
ワン湖畔にはタルホコムギが自生しており採集したが、ここはこの種の分布域の最西端にあたるのであろう。また、道端のコムギ畑の畦にパンコムギと野生のツツホコムギ（*Ae. cylindrica*）の自然雑種を発見することができた。ツツホコムギにパンコムギの花粉がかかってできた雑種にちがいない。

やがて、一九四〇メートルの峠より遥か行く手に霊峰アララット山を遠望できる地点に達した。このあたりから山麓にかけては、どちらかというと荒涼とした乾燥ステップ帯で、アカザ科植物が群生する場所が多い。野生コムギの仲間はタエニアセルム属植物と多年生ライムギ（*Secale montanum*）以外は、ほとんど僅かしか分布していない。

アララット山腹に着くと、華やかな衣服に身を包み、刈り取った牧草を白馬の背に積んだクルド族の女性が忽然と現れた。それは、この山の前景として思いがけないほど調和した一幅の絵になっていた（口絵）。

五一六五メートルの山頂付近を双眼鏡で見ると、積雪というよりもキラキラと輝く氷雪で覆われている。ノアの箱舟伝説にふさわしい山容である。旧約聖書・創世記によれば、大洪水の退いた後ノア一族が箱舟から出て農の営みをはじめたとあるが、時代的ずれはあるにしても、この地域でムギ農耕が開始されたことを象徴する説話ではないかと、私は勝手な想像をめぐらしている。

この山の山麓をひと回りして、野生一粒系コムギ、野生四倍性コムギ、野生オオムギの分布を調べてみたが、どこにも見あたらなかった。しかし、この山のすぐ北側はアルメニアであり、前に述べたように、そこにはこれらの植物が群生していた。少なくとも、いままで見てきたイラキ・クルディスタンとアルメニアの集団の間には、現状では明らかに分布の不連続性が認められることがわかった。

表5　イラク、トルコおよびイランにおけるコムギ属およびその近縁植物の採集数

属名	採集した種の数	採集系統数
Aegilops（エギロプス属）	15	486
Agropyron（カモジグサ属）	7	18
Crithopsis	1	13
Eremopyrum	5	81
Henrardia	1	5
Heteranthelium	1	55
Hordeum（オオムギ属）	8	179
Psathyrostachys	1	3
Secale（ライムギ属）	3	20
Taeniatherum	2	70
Triticum（コムギ属）	5	221
合計	49種	1,151系統

（阪本、1996）

ドウバヤジットで国境を越えイランに入った。国境付近から荒涼とした原野が続くが、このあたりでコムギ連植物に属するエレモピィルム（*Eremopyrum*）属五種が、放棄された畑のなかや路傍に大群落をつくっていた。私はこの植物にとくに高い関心を持って仕事をしてきたが、しかし家畜の群れに絶え間なく食われているため、地上部近くで穂をつけており、地面に這いつくばって狂気のように調査・採集に熱中した。ここで採集した材料はその後この属の系統分化をまとめるうえで貴重な情報を提供することになった。

今回の旅で採集したコムギ連植物は、表5に示すように、一一属四九種一一五一系統に達したが、これらを用いた研究成果のいくつかは本書の終章で簡潔に述べることにしたい。

イランのザグロス山麓

イラン国内では、タブリーズを経ていったんテヘランにいたり、ここで旅装を整えてハマダーン－ケルマーンシャーを経由して、イラン－イラク国境のザグロス山脈の東斜面に入った。

ここはイラクと比較してより内陸のため、より乾燥した山麓地帯で、野生一粒系コムギ、野生二粒系コムギ、野生オオムギ、その他のコムギ近縁種が分布していたが、イラク国内のようにカシの疎林に形成されていたような大群落に出会うことはなかった。

七月一七日、ケルマーンシャーから北上し、サナンダッジを経て、乾ききってほとんど緑のない二〇〇〇メートルの峠をいくつか越えた。山の斜面にはヒツジの群れの足跡がくねくねと皺模様を描き、あちこちにドライファーミング（天水のみによる乾地農法）のムギ畑が黄色の斑点のように点在していた。谷間の湿った場所にだけ緑と集落があり（口絵）、空はイラク国境までどこまでも澄み渡り、まばゆい光の世界の真っ直中にいた。

曲がりくねった道端の、あるコムギ畑を車が通過したとき、ハッと気になるものを見た。急停車して畑を見ると、勘が見事にあたっていて、そこはマカロニコムギと、この地方ではきわめて稀にしか見出せないエンマーコムギの混作畑だった。コムギは完全に熟して美しく色づき、乾ききったムギの芒が畑一面にあふれていた。おもしろいことに、これら二種の二粒系コムギにはそれぞれ穎が有毛のものと無毛のものが混在しており、穂の特徴が互いによく似ていて、明らかに両種の雑種形成が起こったことを示す見事な集団であった。

また、ここで *Psathyrostachys fragile* という穂の形態に原始的な特徴を示す多年生の珍しいコムギ連植物が、乾燥した山の斜面にかなり大きな集団を形成しているのに出会った。この種は他殖性がきわめて高く稀にしか結実していなかった。

前にも述べたように、この時期イランとイラクの国境はクルド問題で完全に閉鎖され、国境地帯は緊張した雰囲気のなかにあった。野生ムギ類を調べることに夢中になっているうちに、イラン国境守備隊の検問所に兵隊さんがいなかったので、いつの間にか素通りしてしまっていた。帰途、そこを通ったが、国境守備隊にすんでのところで狙撃されそうになった。そして、ちょっと物議をかもすことになった。このような状況のとき、よりによって両国の国境付近をあちこちさまよい歩いていたのだから仕様があるまい。とにかく、野生のムギ類は他の野生植物と同じく、人間のつくったくだらない国境などおかまいなしに分布しているのだ。

野生コムギの分布と生態

イラク東北部、トルコ東部およびイラン西部における今回の調査ルートに沿って、野生四倍性コムギ三七サンプル（図10の白丸印で示す）、野生一粒系コムギ七二サンプル（黒丸印）およびクサビコムギ七一サンプル（三角印）を採集した。

この地図でも明らかなように、野生コムギはザグロス山脈西山麓とアナトリア高原の南東部で豊富に見出されたが、イラン高原西北部の乾燥ステップではほとんど収集できなかった。野生四倍性コムギと野生一粒系コムギおよびクサビコムギの混生大集団が、とくにザグロス山脈山麓に広がるカシ疎林帯で観察された。

各採集地点の地形と植生にもとづいて、沖積平野、盆地、丘陵部、山麓という四地形型と、畑の周縁・路傍、草原、カシ疎林という三植生型を組み合わせて、一〇カテゴリーに分けて収集したサンプルを分類した結果が表6である。この表で明らかなことは、野生四倍性コムギの採集地点は丘陵部やカシ疎林にほとんど限られ、まれに盆地や丘陵部に見出された。このことは、この野生コムギが比較的人為攪乱の低い環境に生育していることを示している。

野生一粒系コムギは丘陵部や山麓の草原およびカシの疎林や、盆地の畑の周縁・路傍にも見出され

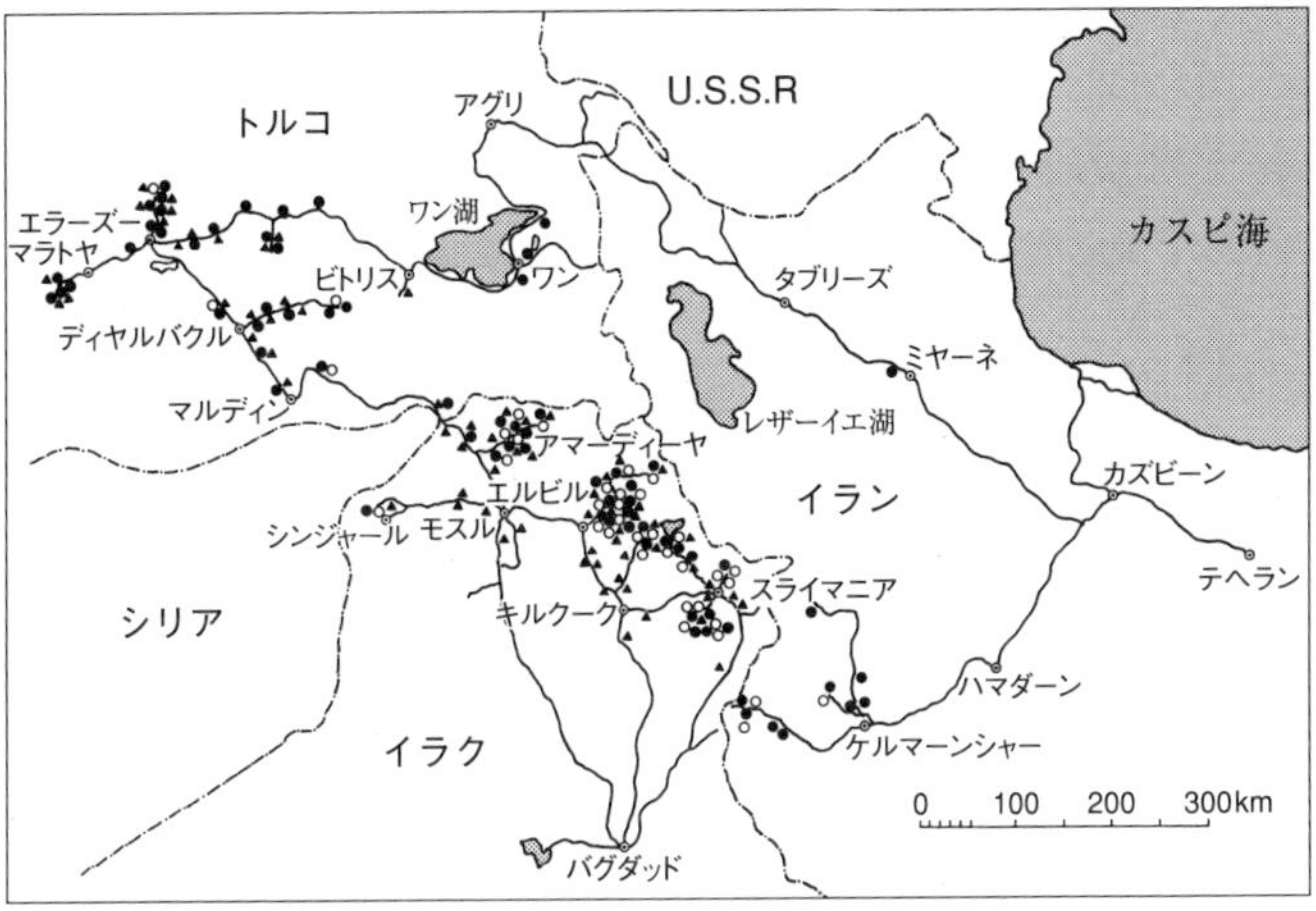

図10　イラク、トルコおよびイランにおける野生四倍性コムギ（○）、野生一粒系コムギ（●）およびクサビコムギ（▲）の採集地点

（阪本、1996）

表6　イラク、トルコおよびイランにおける野生四倍性コムギ、野生一粒系コムギおよびクサビコムギの採集地点と地形ならびに植生との関係

地形	植生	野生四倍性コムギ	野生一粒系コムギ	クサビコムギ（野生）
沖積平野	畑の周縁・路傍	0	1	9
	草原	0	0	5
盆地	畑の周縁・路傍	0	12	10
	草原	2	7	8
	カシ疎林	1	1	0
丘陵部	畑の周縁・路傍	0	3	2
	草原	2	3	9
	カシ疎林	3	10	8
山麓	草原	4	8	5
	カシ疎林	25	27	15
採集サンプル数		37	72	71
採集地点の標高		580〜1,640m	520〜1,920m	220 〜 1,140m

（阪本、1996）

たが、沖積平野では稀にしか採集されなかった。この種は明らかに、野生四倍性コムギよりも生態的に広い適応性があり、とくに人間によって撹乱された環境によく適応していることを示している。

さらにクサビコムギは、沖積平野の畑の周縁・路傍から山麓部のカシ疎林にいたる連続的な環境条件に見出され、非常に広い適応性をもつ種であることが明らかである。

図10と表6に示していないが、同様に栽培オオムギの祖先野生種である野生オオムギも野生一粒系コムギの生態的特性とよく似ていることが観察できた。

第2章 ギリシャのエーゲ海に沿って

トルコ－ギリシャ国境にて

前に述べたように、一九八〇年六月二二日、トルコ北部調査の許可を得るため、イスタンブールからバスでイズミールまで南下し、この町の北四〇キロにあるメネメンのエーゲ地域農業研究所を訪ね、この研究所と共同調査をおこなう了承を得て、ふたたびイスタンブールにバスで戻った。イスタンブールではシルケジのバザールでキビの種子を入手したり、船でボスポラス海峡を北上し、海峡の畔の店でさまざまな魚介料理を楽しんだ。

ここからエーゲ海をひと飛びしてギリシャのテサロニキへ赴く予定であったが、トルコ－ギリシャ両国はエーゲ海域に点在する島々の所有権をめぐって昔から仲が悪く、週一便のフライトしかなく、それも満員でどうしようもなかった。

やむなく三〇日午後七時二〇分発の汽車に乗り、トラキア地方を旅してギリシャに向かうことになった。イスタンブールの郊外に出ると、一面に草地の広がる丘陵地帯となったが、あちこちに生える多年生オオムギ（*Hordeum bulbosum*）やハイナルディア・ヴィローサ（*Haynaldia villosa*）を確認することができた。いまから約七〇〇〇年前、この角のような形をしたトラキア地方を通って、ムギ農耕がバルカン半島からさらにヨーロッパへ伝播していったのだと、車窓から景色を眺めながら、ある種の感慨に耽った。

午前四時三〇分、「パシュポート！」という声に目を覚ました。トルコ－ギリシャ国境に汽車が着いたのだ。隣室の乗客のカセットテープからフランクの交響曲が流れていて、ヨーロッパに着いたという実感を味わった。

六時三〇分、川の鉄橋をゴトゴトと渡って汽車はギリシャ領に入った。税関吏が荷物のチェックに入ってきた。トルコで採集した押し葉標本を見て、「トルコのハッシシだ」と怒鳴って、私のパスポートを取り上げ、標本もろとも車両からひきずり下ろされて税関室に連行された。「麻薬所持」と判断されたらとても厄介なことになることはわかっていたので、路傍で採集した雑草の標本だと主張したが、なかなか納得してくれなかった。どうでもなれと思っていたが、発車間際になって、荷物を厳重に封印し、ギリシャ国内旅行中に絶対開封するなと厳命し、パスポートに何やらギリシャ語で書き込んだ。そして、やっとのことで車両にぶじ戻ることができた。同行の小林央往氏（山口大学農学部、故人）は、私が車両から引き連れ去られたとき、生きた阪本の姿を見るのはこれが最後だと思ったそうである。

カストリア地方のコムギ連植物

テサロニキはエーゲ海の湾を抱くようにして発達した町で、旧市街は明るくて美しいが、どの町でもそうであるが、新興住宅地が広がりつつある状態であった。

テサロニキ大学の植物遺伝学者、カラタグリス博士（S. Karataglis）は旧知の間柄だったので、まず彼の研究室を訪ねた。ここではギリシャ産のコムギ近縁植物の遺伝学的研究が活発に行われていた。博士の案内で湾を見下ろす高台を訪ねたが、そこはイネ科植物草原が住宅地に変化しつつあった。

七月三日、博士とともに、エーゲ海に突き出たカサンドラ半島へ採集に出かけた。ここはソクラテスのふるさとである。コムギとオリーブとブドウ畑が交錯し、海は青く、空気は乾ききっている。六種のエギロプス属植物、パンコムギ、オオムギ、ハイナルディア・ヴィローサを収集した。松林の影にエリカやスモークツリーが自生していた。

七月九日、テサロニキ西北部に向けて旅に出た。丘陵部に入ると、ハイナルディア・ヴィローサが群生し、エギロプス属植物がくまなく生える大草原が広がる。山麓部に上るとヨーロッパブナの林となり、路傍には色とりどりの花が咲き、多年生のライムギ（*Secale montanum*）が出穂中であったが、種子は採集できなかった。オオムギ畑にはライムギがかなりの頻度で混入しており、コムギ畑には随伴雑草の大型の真っ赤なヒナゲシの花が鮮やかな緑のなかに咲いていた。

湖のそばの標高九〇〇メートルのカストリアに着く。ここでは夕方になると涼を求めてやってきた旅行者が湖畔の散歩を楽しんでいた。ここで野生のツツホコムギ（*Aegilops cylindrica*）を発見したが、予期しない場所に突然現れるので、この種の分布にはわからないことが多い。

道端に生える野生一粒系コムギ

カストリアから一一キロ南下した地点で、コムギとオオムギ畑を調べ、畑のまわりや路傍の雑草を観察し、写真を撮ることに熱中していると、やにわに小銃に着剣した兵士が現れて、われわれに銃を突きつけた。すぐ目の前に空軍の軍事基地があり、怪しげな行動をしている男たちと思ったらしい。これはまずいことになったと一瞬思ったが、幸い日本人とわかって、その兵士は不思議にも写真を撮らせてくれた。

軍事基地のような場所は牧人が家畜の群れを追い込まないので、いろいろな植物が興味深げに生えており、それに気を取られて、私のような一介の旅人にはそこが基地なのかどうか判別することはなかなかむずかしいのだ。

さらに二〇キロ南下した標高七四〇メートルの地点の路傍で、野生一粒系コムギの小さな集団とMゲノム群に属するエギロプス・ヘルデライヒ（*Ae. heldereichii*）を発見できた。いよいよM群の分布地域に入ったことがわかり、今回のギリシャ旅行の目的地に近づいたことを実感した。またここは、野生一粒系コムギの分布域の西の端にあたるので、貴重なサンプルを収集したことになる。

オリンポス山麓のムギ畑とエギロプス属植物の群生

丘陵部から高度一〇〇メートルに下ったが、気温が急に高くなり乾燥もひどいが、相変わらずエギロプス属植物は連続的に分布し、時おり、野生一粒系コムギの小さな集団に出会った。

さらに南下して再び高原に上ると、遥か彼方に雪をいただくオリンポス（標高二九一七メートル）の山々を望むことができた。そこには広々とした近代品種を栽培したコムギ畑が続き、大型のコンバインで収穫が行われていた。ラリサの町を過ぎ、エーゲ海岸のヴォロスで一泊した。

挙動不審――ギリシャの巻

ヴォロスからエーゲ海岸を離れて、車はアテネからテサロニキに通じる国道一号線を快適に北上していた。三〇分も走ったであろうか、ふと気がつくと車の後ろにパトカーがついてきた。やがて、路傍のパーキング・エリアが近づいたとき、パトカーが急に車の前に走り出てサイレンを鳴らし、パーキング・エリアへと誘導した。

何が何だか、さっぱりわからない。パトカーから警官がひとり出てきた。雲つくようながっちりした婦人警官で、その表情も厳しい。ただちに身分証明書を出せというしぐさをした。やむなくパスポートを差し出すと、女に一瞬驚きの表情が走った。女はパトカーに帰り、しきりと何かを訴えるようにどこかと電話連絡をしている。やがて、婦人警官はパスポートを返却し、行けという合図をして、パトカーはいずこへともなく走り去った。こちらも小休止の後、再び車の人となった。

まもなく車がラリサの町に近づくと、町への道の交差点に一台のパトカーが待っており、わが車にストップを命じた。今度はサングラスの丈のある男の警官が現れて、私のパスポートをサッと取り上げ、何やら合図した。このパトカーに続けとのようだった。ワケのワカランうちにラリサの町に入ったが、やがてパトカーは町の中心部にある建物の前で止まった。ラリサ警察署で、この周辺地域を管轄する本署のようだ。

二時間ほど署内で警官に監視されながら立ったまま待たされたであろうか、ひとりの警官が他の警官をともなって急ぎ足で階段を昇ってきた。そしてそこへ署長が現れ、われわれ二人の調査用のカバンを取り上げて部屋に入っていった。やがて、ひとりの警官が初めて英語を使って、これからひとりずつ取り調べをおこなうから部屋に入るようにと言った。まず、私が入る。署長は通訳の警官をつうじて、今日は日曜日で非番の警官が多く、この署内でただひとりの英語を喋れる警官を町に捜しにいったので時間がかかった、これから荷物を調べるから、カバンに入っているものを順番に言えという。カメラ、フィルム、ステープラー、巻尺、など思いあたるままに口に出すと、署長がそれらをカバンから順番に取り出した。ついで、尋問に移った。私のパスポートを見ながら何月何日にどこから入国したか、職業は何か、旅の目的は何か。しかし、何で警察に捕まったか依然としてよくわからない。つぎに、同行の小林さんの番だ。大声でやっているので、廊下にまでよく聞こえる。私にやったことと同じことを繰り返している。やがてそれも終わった。二人が嘘をついていないか、二人の言い分が合致しているかどうか、チェックしたようだ。

お前たちは、ヴォロスの町の西で道からそれて建物を建設中の土地に入らなかったかと署長が言う。現場の背後は小高い丘になっており、野生コムギやその近縁植物が生えていそうな場所だった。建物のそばに車を置き、丘に上がってたくさんの植物を採集した。丘を下りて出てゆこうとしたとき、丘の向こうからでっかいシェパードを連れた大男が現れ、こちらに向かって何か大声を発した。むろん何を言っているのかさっぱりわからない。さかんに手をあげて何か合図をしている。ここから出てゆけというサインと判断した。急いで車に戻り道に引き返したのだ。

署長は言った。その男は、誰か挙動不審な二人が自分たちのプロパティに侵入し、止まれと言ったにもかかわらず、急いで出ていった。イタリア製の車に乗り、ひとりは赤い帽子をかぶっている、捕まえてくれと警察に電話を入れたそうだ。それでパトカーのお出ましとなったわけで、初めて何で捕まったかが氷解した。

署長は続ける。なぜ合図したのに止まらなかったか。あの男の手の合図は日本では出てゆけというサインだと説明する。署長はまだ信用していないようだ。最後に車のなかを点検すると言い出した。警察の玄関に停めてあった車のトランクのなかには、その日の採集品がゴマンと入っている。それを見て署長もようやく納得してくれたようだった。署長は言った。済まんかった。しかし、一般人から通報があったら、どうしてもやらんとアカン。外国人のお前たちに気の毒なことをしたけど、業務だと思って了解してくれ。

すでにすっかり陽が落ちて夜の静寂が広がっていた。再び車を走らせたが、テサロニキのホテルにたどりついたときは真夜中近くになっていた。

ペロポネソス半島での幸運

七月一五日、テサロニキから空路アテネに南下し、ペロポネソス半島の調査を試みた。翌日、車でコリントを経由してパトラに移動した。この町のなかで、偶然パトラ大学の物理学専攻の一教授に出会い、その家に招待され、コーヒーをご馳走になった。教授に「お前は昨年大学を卒業したのか」と質問されびっくりしたが、「私は大学助教授です」と返事したら、今度は教授が大びっくりして、愉快なひと時を過ごすことができた。

ここから調査の旅をはじめたが、いままでにギリシャで収集したエギロプス属植物のいろいろな種のさまざまな組み合わせの集団と、Mゲノム群に属する種のほとんど純粋な大群生状態をひんぱんに観察することができ、興奮のうちに多くのサンプルを収集することができた。

谷間の川筋には、プラタナス、クルミ、ヤナギなどが生えていたが、標高約一〇〇〇メートルに上ると、途端に荒涼たる熱暑の乾燥した草原となった。ギリシャ神話に出てくる家畜と牧人の守護神である笛吹きのパンが好んで住んでいたというアルカディアの野はここだと思った。この付近にはマカロニコムギとオオムギの畑が多く、ちょうど脱穀作業がおこなわれていた。

メガロポリスからイオニア海岸のキパリッサに出て、ここで夏期休暇中のカラタグリス博士とその家族に再会した。海岸に沿って、エギロプス属六種の混生大群落が見られ、ハイナルディア・ヴィローサも一面に生えていた。また海岸の岩場で三種のカモジグサ属植物を採集した。そのうちの一種は二倍体の *Agropyron elongatum* に酷似したが、ごくわずかの種子を採集できた。他の二種は結実しておらず、完全な他殖性のようだ。

そこから北上してオリンピアの遺跡を訪ねたが、競技場に入るゲートと残された大理石に貝の化石がいっぱい詰まっているのが印象的であった。

今回のペロポネソス半島調査のひとつの大きな目的は、ハイナルディア・ホルデアセア（*Haynaldia hordeacea*）を採集することであった。

ハイナルディア属はたった二種からなる。一年生で二倍体のヴィローサ種は、モロッコからカスピ海沿岸まで分布し、地中海地域にはすでに述べたように、どこにでも生えている。一方、多年生で二倍体と四倍体が知られているホルデアセア種は、アフリカ西北部のアトラス山脈と、ギリシャのタイゲトス山にのみ隔離分布している。二〇世紀初頭に出版された『ギリシャ植物誌』によれば、ホルデアセア種は標高二四〇七メートルの頂上付近の岩場にのみ生えるという簡単な記述があるだけである。もしそうであれば、どうしてもこの山に登らなければならない。

キパリッサから東南に下ってカラマタに行き、そこの林業省を訪ねてタイゲトス山の位置と登山道についてのくわしい情報を得た。そこから一三〇〇メートルのマツとモミ林の峠を越えてスパルタに

アルカディアのコムギ収穫風景

下ったが、町の手前にその昔、ひ弱な子どもを捨てたという岩穴を見学した。穴から冷たい風が吹き上がっていて、心なしか幼児の悲鳴が聞こえてくるように感じた。

翌日早朝ホテルを発ったが、めざすタイゲトス山は全体が灰白色で顕著な横縞が走り、中腹以上は木や草もなく、山頂付近には雪渓がわずかに認められた。山麓からジグザグ道を登り、急斜面にしがみつくように佇む二つの集落を過ぎて、標高一〇〇〇メートルで道は途切れていた。そこはモミ林の下限でマツと混交しており、人びとのピクニック場となっている。ここにはエギロプス属三種とカモジグサ属の *Agropyron panormitanum* がまばらに生えていた。ちょうどそこへ下山してきた数人の若者に出会い、尋ねてみると、ここから山頂まで五時間かかるという。登山用具は何もないが、登ろうと決心した。

そのとき、ふと、まわりを眺めると、信じられないことにホルデアセア種が生えているではないか。芒は短く、株は明らかに多年生の特徴を示している。一五年以上私の脳裏を離れなかったタイゲトス山は目前に仰ぎ見られ、しかも念願のホルデアセア種が幸運にもそこにあるではないか。急いで付近を歩きまわると、山の斜面のあちこちにすでに穂の成熟した株が見つかった。しかし、予想したように他殖性で稔性がほとんどない。がむしゃらにたくさんの穂を集めまわって、ようやく数十粒の種子を得ることができた（口絵）。

後日談――採集した種子を早速その年の秋に播種し、発芽した個体の染色体数を調べると四倍体であることがわかった。そして、この植物と、同じ場所の山麓で採集した二倍体のヴィローサ種および二倍体のタルホコムギ（*Ae. squarrosa*）との間の人為雑種を作出することに成功した。その詳細は述べないが、遺伝的分析の結果わかったことは、①タイゲトス山のホルデアセア種は同質四倍体であること、および②二倍体のヴィローサ種のゲノムはホルデアセア種にまったく含まれていないことが判明した（Sakamoto 1991 参照）。

ギリシャ北部の旅

七月二六日アテネを発ち、ルーマニアのブカレストに着き、五四日間ルーマニア国内の調査の後、ブカレストから空路ユーゴスラヴィアのベオグラードにいたり、そこからミュンヘン発の国際列車でスコピエを経由して、九月一八日、テサロニキに戻ってきた。そのおもな理由は、多年生のコムギ連植物は一年生の種に比べて一般に晩生であり、時期を遅らしてギリシャの多年生の種を調査・採集することであった。

九月二四日、車でテサロニキ西北部、ユーゴスラヴィア・マケドニア国境に近いアルデアにいたり、山地の砂利道を駆って標高一三〇〇メートルのプラッサに着いた。ここはヨーロッパブナの林が発達し、そこには *Hordelymus europaeus* という多年生で一属一種の原始的なコムギ連植物が見られた。この種はすでにルーマニア・トランシルバニア地方のブナ林や、ウィーンの森でも採集したことがあるが、ヨーロッパの落葉広葉樹林の林床に生える珍しい植物である。林縁には果実の黒いキイチゴ、ベラドンナ、ツクバネソウの一種、ヤナギランなどが生えていた。

翌日からギリシャ東北部のトラキア地方をエーゲ海岸に沿って北上し、アレキサンドロポリスまでコムギ連植物の調査をおこなった。とくに、カバラに近いネアア・カルバラおよびポルト・デ・ラゴスの砂浜に接する大理石の岩場で、数種のカモジグサ属植物や *Elymus sabulosus*（日本にも分布するハマニンニクの仲間）を採集した。

そのなかには *Ag. junceum* に形態が似るが、最近、新種とされた二倍体の種が含まれている。この種は *Ag. junceum* と二倍体の *Ag. elongatum* の中間の穂の形態を示していた。また、十倍体の *Ag. elongatum* や *El. saburosus* が海岸の波打ち際に沿って果てしなく帯状に分布しているのは壮観であった。あちこちに真っ赤なアツケシソウの群生が見られたのもまた印象的であった。

ギリシャで調査したコムギ連植物についてまとめてみると、栽培コムギ、オオムギ、ライムギを含め、総計五二五サンプルを収集したことになる。エギロプス属一〇種とカモジグサ属九種を代表として、九属三三種に達した。

第3章 スペインのスペルタコムギを求めて

コムギという作物は、単一の種ではなくて一群の栽培種が含まれているグループの名称である。その点で、オオムギ、イネ、トウモロコシなどとは異なっている。

コムギのなかでも、スペルタコムギ（*Triticum spelta*）とマッハコムギ（*Tr. macha*）は、六倍性普通系コムギのなかでも原始的な特徴をもち、二粒系のエンマーコムギ（*Tr. dicoccum*）と同じく、穎は硬く、脱穀が容易でないコムギである。

スペルタコムギは、紀元前五〇〇〇年ごろのトランス・コーカサスやモルダヴィア地方の新石器時代の遺跡から出土し、青銅器時代や鉄器時代以来、ヨーロッパ全域でずっと栽培されてきたコムギである。とくにライン川上流地域において近代までかなり大量に栽培されていた記録があるが、スペイン北部アスツリアス地方にこの種は遺存的に栽培されている。

一方、マッハコムギは、トランス・コーカサス西部のクタイシ付近の山間部山村にのみ栽培されていたことが知られていた固有種である。

一九七九年夏、国際植物遺伝資源委員会（International Board for Plant Genetic Resources：IBPGR）によって、スペイン北部アスツリアス地方に栽培されているスペルタコムギおよび栽培マメ類の探索・収集のための国際調査隊が派遣された。メンバーは四人で、隊長はマドリード郊外にある国立農業研究所のサラザール博士（J. Salazar）（コムギの育種）で、隊員はマドリード農業技術大学のパスカル博士（H. Pascul）（植物生態学）、イタリアのバリにある植物生殖質研究所のポリニアーノ博士（G. Polignano）（マメ類の育種）および私（ムギ類の遺伝資源）であった。

ユーラシアの西の端へ、東の端の島国の男がはるばる参加するのは奇妙な感があるが、積年にわたり中東地方でムギ類の現地調査をおこなった実績が買われたためで、後に述べるように、今回の調査旅行中にそのことは証明されることになった。

クエンカ地方の栽培一粒系コムギ

アスツリアス地方採集行の前に、七月三〇日、マドリード東方一〇〇キロのクエンカ地方を訪れることになった。ここには栽培一粒系コムギ（*Tr. monococcum*）が古くから栽培されてきたという記録があり、現在それがどうなっているか探ってみようということになった。

クエンカ付近のエンバク畑のなかで栽培一粒系コムギの探索

この年のマドリードの夏は殊のほか暑くて、日中は耐えられないほどの高温になり、夜になっても冷房のない安ホテルでは眠れないほどであった。町のなかも中近東さながらに草は一面に枯れあがっていた。

マドリードをはずれると、次第に典型的な地中海気候の景観が展開する畑作地帯となり、エンバクやコムギの畑が点在し、路傍の脱穀場では、「トリロ」と呼ぶ石器を埋めた脱穀板を馬に牽かせてオオムギを脱穀する風景が見られた。脱穀板の上に椅子を載せ、男がそこに座って馬を御している。この脱穀法は東はアフガニスタンから西はイベリア半島まで広がっている。風選はフォーク状に分枝した木の枝を用い、キク科の *Centaurea paniculata* を乾かして束ねた箒を用いておこなっていた。道が標高九〇〇メートルの山にかかると、マツ（*Pinus sylvestris*）林となり、常緑のカシ（*Quercus ilex*）も生えていた。

クエンカ付近には広々したエンバクの畑があり、そこを調べてみると、点々とごくわずかであるが、栽培一粒系コムギ（「エスカニア」と呼ばれる）とパンコムギが混在していることがわかった。しかし奇妙なことに、日本からはるばるやってきた私だけが、畑のなかで一粒系コムギの穂を探すことができた。他のラテン系の三人は、このコムギの穂を日本からポケットに忍ばせてきたのでないかと冗談を言う。よく聞いてみると、驚いたことに、彼らはいままで一度も栽培一粒系コムギを見た経験のないことがわかった。「見れども見えず」とはよく言ったものである。

この付近の草地や路傍を探索して四種のエギロプス属植物を採集したが、そのうち、熟すると真っ黒な穂をつける *Aegilops ventricosa* は地中海地域にのみ分布する特殊な種で、私は幸運にもここで初めてその自生地を見ることができたわけである。

アスツリアスに向けて北上する

八月一日、マドリードを発ち北に針路をとる。パレンシアまでは平坦で、どこまでもコムギ畑が広がっていたが、近代的技術をともなった近代品種が栽培されており、ほとんどの畑で収穫が終わっており、町はずれの穀物集積広場には脱穀したコムギがうず高く積まれていた。

さらに北上してカンタブリア山脈の南麓に近づくと、コムギ畑とともにライムギ畑、ジャガイモ畑が散在する。シロバナルーピン（*Lupinus albus*）の花盛りの畑があり、近くの農家に立ち寄り、とても柔和で親切な七五歳のおばあさんから、すべすべして白いこのマメの種子の分譲を受けた。村はずれの丘に建つ古びて孤独な感じのレンガ造りの教会が印象的であった。

八月三日、リアノからガスのかかった山道を上り、峠を下ってポサダ・デ・ヴァルデオンに着いた。ここはピコス・デ・エウローパ山塊を望む景勝の地で、山登りの若者や避暑客でとても賑わっていた。この付近で、パンコムギ、二条オオムギ、エンドウマメ、レンズマメなどを採集する。「ホレオ」という独特の高床式の穀物貯蔵倉が、村の農家の庭先に建っている。四隅の石柱には丸い石の鼠返しが付いている。この地方からアスツリアス地方にかけて伝統的なものであるが、現在は雑納庫になっているようだ。

カンタブリア山麓の鄙びた教会

よく晴れ上がった空の下、峠までたどると、ごくわずか雪渓の残る切り立った岩山が連なり、白雲が棚引き、何か神々しい感じの山塊である。黄色の大きな花をつけ、ひときわ美しい姿を見せるサクラソウ科のクサレダマや、牧野に点々と星をちりばめたように咲くユリ科のメレンデラ・モンターナの紅色の花が美しい。

つやつやした輝くばかりの赤紫色の花を連ねるジギタリス・プルプレア（キツネノテブクロ）が、ヨーロッパブナ林の縁や山道に自生していた。ヨーロッパでは、中世初期より薬用植物として、この植物が強心・利尿薬として利用されてきたことは有名である。

夕食に谷川で捕れたというマスを食べたが、少し油で煮てあってとてもうまい。このレストランの奥さんは色が白くてなかなかの美人であった。

アスツリアスのスペルタコムギ

八月六日、ポサダ・デ・ヴァルデオンを発ち、セリア川が削った岩山の断崖の谷に沿った、かなり急なジグザグ道を下り、ビスケー湾の海岸に近いカンガス・デ・オニスに出た。ここにはローマ時代に架けられたという立派な石の太鼓橋がいまなお存在し保存されている。

オビエドを経て、プラヴィアにいたり、そこからカンタブリア山脈北麓の山村を訪ねて、スペルタコムギの探索を開始した。ひとまずガウダル川の谷に入る。山の中腹に上ると、あちこちに集落が点在するが、その周辺はほとんどが採草地か飼料用のトウモロコシ畑で、この地域は現在ウシの飼育で生計を立てている村がほとんどである。しかし、ごくわずかにコムギ畑が点在し、また、オオムギ、ライムギ、ジャガイモ、エンドウマメ、インゲンマメ、ビート、カボチャ、レタス、キャベツ、タマネギなどが栽培され、リンゴやプラムの果樹園も見られる。村の周辺はヨーロッパブナ林で、ちょうど見事なドングリを実らせていた。

とある採草地で二人のとても魅力的な娘さんが大型の鎌を振るい草を刈っていた。何でもやってみたい悪い癖のある私は、早速要領を教えてもらい、草刈に挑戦した。実際やってみると、なかなかうまく刈れず、結構力が必要で、みなに笑われてしまった。

谷に面して西側の斜面中腹にあるエル・ヴァレ・デ・カンダモ村で初めてこの村でたった一枚のスペルタコムギの畑に出会った。ソラマメと混植されていて、黄色と赤褐色の穂が混在するが、完全に熟していた。しかし、草丈は高くかなり倒伏していた。この畑を注意して調べてみると、とても驚いたことに、二粒系のエンマーコムギも混植されていた。いったい、これはどういうことなのか。ひとつの畑に二種の穎の硬い古いコムギの共存している不思議さに圧倒されて、この畑から去りがたい思いであった。

スペルタコムギとエンマーコムギの混作

ついで、谷に面して東側の斜面にあるフェロス・デ・カンダモ村を訪ねた。この村にもたった一枚のスペルタコムギの畑があった。ここで農家の人から、「マサリアス」と呼ぶ長さ約七〇センチの大きな菜箸状の収穫棒二本を紐でつないだものと、「ゴホ」という直径約八五センチ、深さ約六〇センチの籠をもって畑に入り、何本かのコムギの穂をマサリアスで挟み、上に向けてしごくようにして穂を折り取り籠のなかに収穫するという、とても驚くべき収穫法が行われていることを教わった。

この二つの村を皮切りに、図11に示すように、ガウダル川とナルセア川に囲まれたカンタブリア山脈北斜面に点在する山村を訪ね、スペルタコムギの栽培状況、呼称、収穫法ならびに利用法などについて、畑を観察するとともに農家から聞き込み調査をおこなった。

以下に代表的な二、三の村について紹介しよう。

八月八日、グラドからソミエド川に沿って、ポラ・デ・ソミエドまで入ったが、ここはこの谷の中心地で、付近の村を調査した。昼食で「コイド」と「フルチャ」を食べた。前者は牛肉とジャガイモとヒヨコマメを煮た、肉じゃが風の食べ物であったが、後者は谷川で獲れた腹部に赤い斑点のあるヤマメの仲間の小さな魚のフライで、とてもうまかった。ラテン系の男たちは、ナイフとフォークで骨を除いて食べようとするが、うまくゆかない。私は手で摘まんでパクリとうまそうに食べるので、連中はとうとう業を煮やしてこのうまいフライを全部私にくれる始末で、おかげで腹いっぱい堪能することができた。

八月九日、ベルモンテからナルセア川を遡行し、ビグエニア村でスペルタコムギとエンマーコムギの混植畑を調べ、さらに谷をつめて小さな峠を越すと、谷の最奥部に標高七四〇メートルのヴィラ

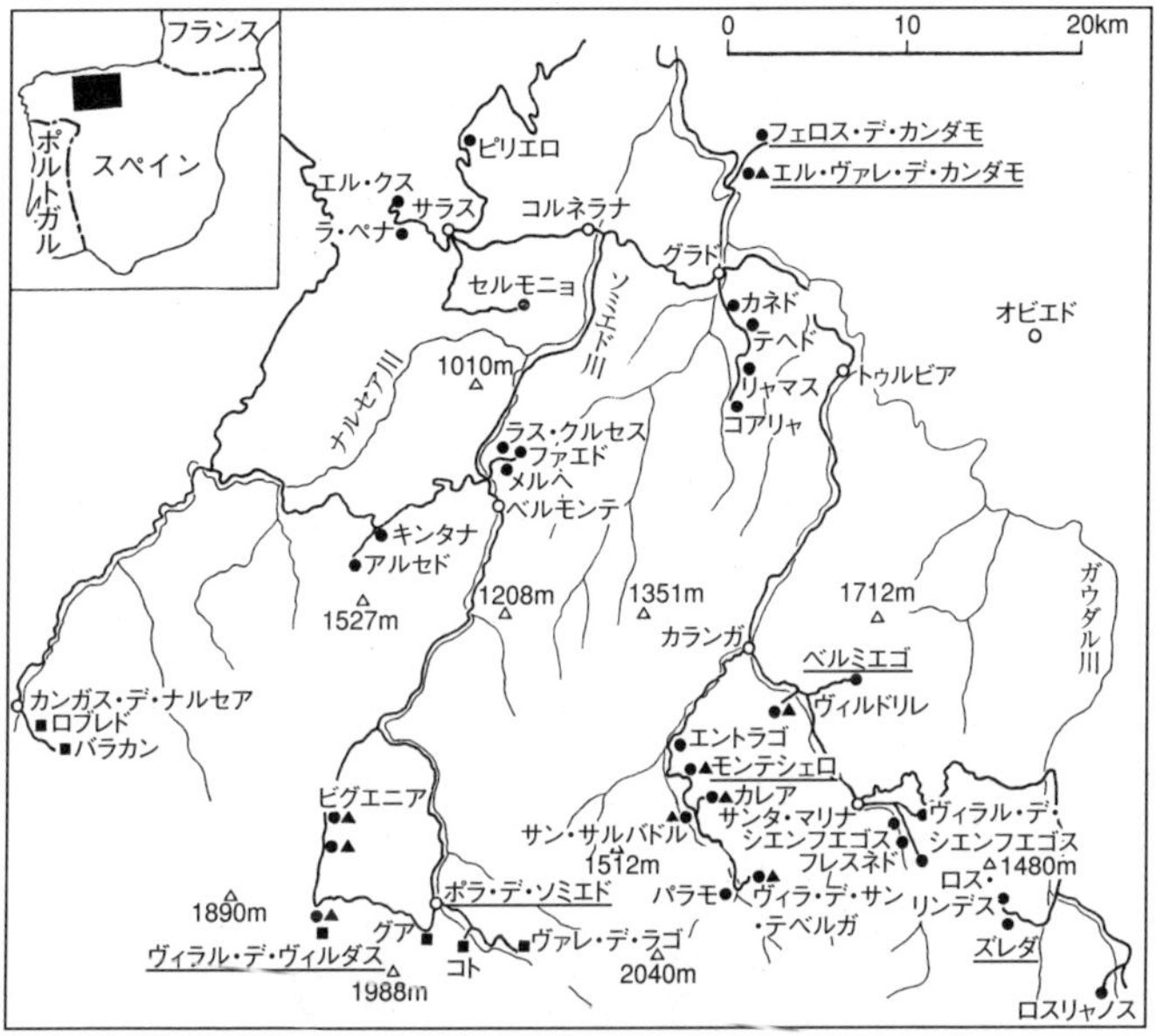

図11　スペイン・アスツリアス地方におけるコムギ類の採集地点

● スペルタコムギ、▲ エンマーコムギ、■ パンコムギ

(阪本、1996)

ル・デ・ヴィルダス村がある。くすんだレンガ色の屋根と白壁の農家が急な斜面に接した川筋沿いに小さな集落をつくっており、その佇まいはヒマラヤの山村を彷彿とさせる鄙びた風情があった（口絵）。

山の斜面を巧みに耕して、二八枚のコムギ畑（村のなかに二枚と斜面に二六枚）と、二枚のオオムギ畑があった。それらが一面に栽培されている緑色のジャガイモ畑の間に美しい黄色のパッチを見せていた。ここには珍しくパンコムギの畑も二枚あったが、収穫直前のムギの穂は鳥に啄ばまれていて、やや無残な姿をとどめていた。この集落にも立派な穀物貯蔵庫があったが、軒先には収穫したトウモロコシの穂と洗濯物が干してあり、その傍の野菜畑にはベニバナインゲンの真っ赤な花が鮮やかであった。

ガウダル川沿いの谷の中腹にある標高五〇〇メートルのモンテシェロ村は、明るい感じの場所で、ここにもスペルタコムギの畑があり、エンマーコムギと混植されていた。農家の奥さんが「ツェコス」と呼ぶ木靴を履いて畑に入り、収穫棒のマサリアスと収穫籠のゴホを用いて、スペルタコムギの収穫法を実際に見せてくれた。早速私が写真を撮ると、「日本に帰ったら送ってね」とちゃっかり約束させられた。村の子どもたちが集まってきて、珍しい外人の私にしきりに話しかけてくる。ここで初めて、「アンタの名前は」というスペイン語を理解できた。とくにマーガレータという子は可愛くて、他の子どもの名前をつぎつぎと教えてくれた。

スペルタコムギの栽培状況

今回のフィールドワークでスペルタコムギが栽培されていることが判明した集落の分布を図11に示したが、このコムギはアスツリアスのナルセア川とガウダル川に囲まれたカンタブリア山脈北麓の山村にのみ栽培されていることが明らかになった。ここでは一一月〜一二月にかけて播種がおこなわれ、翌年八月〜九月に収穫される。

調査地域で見出されたコムギは、スペルタコムギ、エンマーコムギおよびパンコムギの三種であったが、前二者は現地名で「エスカンダ(escanda)」、後者は「トリゴ(trigo)」と明確に異なる呼称で区別されていた。前二者のうち、スペルタコムギをエスカンダ、エンマーコムギを「ポヴィア(povia)」または「ポヴィダ(povida)」と呼んで区別していた集落があったが、多くの場合両者は区別されずにエスカンダと呼ばれていた。

訪れた三四集落についてわかったことをまとめると、つぎのようになった。

①調査のため訪れた集落の数　三四
エスカンダのみを栽培　二八

エスカンダおよびトリゴを栽培	一
トリゴのみを栽培	五
②エスカンダを栽培していた集落の数	二九
畑に栽培されていた	二三
収穫済みの種子の分譲を受けた	六
③エスカンダを畑に栽培していた集落の数	二三
スペルタコムギとエンマーコムギを混作	八
スペルタコムギのみを栽培	一五
エンマーコムギのみを栽培	〇
畑にソラマメと混作	八
畑にエンドウマメと混作	一
マメ類の混作なし	一四

エスカンダのみを栽培していた集落が二八、エスカンダとトリゴを栽培していたのは一集落のみで、五集落ではトリゴのみが見出されたが、そこにはエスカンダの畑は見あたらなかった。このことは農家が両者を明瞭に区別して認識していること示している。また、畑にエスカンダの栽培が見られた二

三集落のうち、スペルタコムギのみを栽培していた集落は一五、スペルタコムギとエンマーコムギを混作していたのは八集落で、興味深いことに、エンマーコムギのみを栽培している畑はまったく発見することができなかった。三種のコムギが見出されたのはヴィラル・デ・ヴィルダス村のみであった。

スペルタコムギが栽培されていた集落のうち、八集落ではソラマメが混作されていた。それは、このコムギが比較的晩生であり、草丈が高く、熟するにつれてしばしば倒伏するので、ソラマメが支柱の役目を果たしていた。ただ一集落の畑でエンドウマメが混作されていたが、その理由は明らかではない。

ラテン系の三人は調査と収集が済むと、のんびりと雑談をはじめるので、私はその機会に一集落に何枚ぐらいエスカンダ畑があるか、その枚数を可能なかぎり数えてみた。急斜面に畑があるので、そこを走りまわるのが大変だった。畑の大きさはまちまちであったが、平均するとおよそ二五メートル×一〇メートルぐらいであった。

二三集落で調べた結果、一集落におけるエスカンダの畑の枚数は、一~二三とかなり大きな差がみられたが、一~三枚のみが一三集落で、ほぼ全体の五〇パーセントを占め、この地方では現在、エスカンダはきわめて遺存的にしか栽培されていないことが明らかになった。もっとも畑の多かった集落は、ガウダル川流域の標高八〇〇メートルのベルミエゴ村で、二三枚をかぞえることができた。つまり、エスカンダは農家の自家消費用にのみ栽培されているのであった。

この地域で栽培されているスペルタコムギはすべて有芒で、無芒のものはなかったが、穂の色は、黄白色、赤褐色および黒色のものがあり、これらがほとんどの畑で混在していた。またエンマーコムギはすべて有芒で、穂の黄白色のものと赤褐色のものが見出されたが、黒色のものは見あたらなかった。

エスカンダの収穫法と利用法

この調査行でエスカンダの栽培慣行について聞き込み調査をおこなったが、前にも述べたように、驚くべきことはその収穫法であった。

ムギの収穫にはふつう、鎌を使うのが常識であるが、マサリアスという収穫棒とゴホという収穫籠をもって数人が畑に入り、一列に並んで、エスカンダの穂をこの棒の間に挟み、ひっぱり上げるようにして穂首の付近で切り取り、それを籠のなかに落としてゆくのである。エスカンダは穎が硬くて脱穀しにくく、穂が熟するとやや脱落性が高いために、収穫はまだ夜露の乾かない朝早くおこなうとのことである。

フェロス・デ・カンダモ村のタマルゴさん宅で脱穀用の石臼を見せてもらった。この人と奥さんはとても愉快な人で、くわしい説明をしてくれた。収穫された穂の脱穀は、直径約九〇センチ、厚さ四センチで、真ん中に穴のあいた石製の上臼と、同じ直径で厚さ九センチの石製の下臼を用いて行われる。収穫した穂をそのまま上臼の穴に入れると、穎の間から脱穀された穀粒が、穎や穂軸などと分離されて出てくるしくみになっている。

各農家における聞き込み調査の結果から、アスツリアス地方の山村でエスカンダの栽培が続いているのは、つぎのような理由であることがわかった。

マサリアスを用いてエスカンダを収穫する

(1) ヴィラル・デ・ヴィルダス村で見たように、パンコムギは小鳥による食害がひどいが、エスカンダは穎が硬く、穀粒がこれに包まれているので、鳥害を受けることがなく、栽培しやすいこと。

(2) フェロス・デ・カンダモ村では、ちょうどエスカンダの粉で焼いたパンをつくっており、それを試食させてもらったが、その味がとてもよかった。村人に聞くと、ふつうのパンコムギの小麦粉のパンよりもおいしくて好きだという。

(3) キリスト教のお祭りには、エスカンダの粉から「ロスカ」と呼ばれるドーナツ状のパンをつくり、「アスタ」という三角錐の支柱の三つの稜に沿ってこのパンを七つずつ飾るので、儀礼上必要であり、お祭りの日にはロスカの競り市が開かれると、ズレダ村の雑貨屋のおばさんが教えてくれた。

スペルタコムギとマッハコムギの収穫法の比較

第Ⅰ部第1章で述べたように、一九六六年の夏、トランス・コーカサスの旅行中、グルジアの首都、トビリシにある科学アカデミーを訪ね、メナブデ博士からコーカサス特産のマッハコムギは穂が折れやすく、シュナクビという収穫棒を用いて折り取るように収穫されるという話を聞き、シュナクビの実物を見ることができた。またトビリシ市内にあるグルジア国立博物館で、シュナクビの図が展示されているのを見学した。それでマッハコムギの収穫法についてはとくに強い印象を持っていた。アスツリアスのスペルタコムギのマサリアスは、まさにシュナクビとそっくりなのである。

その後、びっくりしたことに、収穫棒を用いてパンコムギとオオムギを収穫することが、ヒマラヤ山脈山麓の山村にかなり広く知られていることがわかった。インド北部クマオン・ヒマラヤ山麓のアルモラ地方、中部ネパールのアンク・コーラ上流のダディン地区、ブータンの山村、チベット東部ナムチャバルワ山の山麓の山村などで知られているのだ。このことは、このようなムギ類の特殊な収穫法の成立とその伝播を考えるうえで、非常に示唆に富むことであろう。

特殊な収穫棒による収穫がおこなわれる理由として、スペルタコムギやマッハコムギのような、完熟時には穂の脱落性が高く（穂が折れやすい）、内頴と外頴が硬くて脱穀が容易ではないものは、鎌で刈り取るとうまく収穫できないので収穫棒と篭を用いることは理解できるが、ヒマラヤ山麓のパンコムギやオオムギはそのような性質をもたないので、この理由をあてはめることはできないのである。

では、特殊な棒による収穫法がユーラシア大陸の互いに離れた三つの地域において用いられている事実を、どのように考えたらよいのであろうか。目下のところは、三地域で独立にはじまったものであろうと推定している（詳細は、阪本〔一九九六〕を参照）。

第4章 中国・四川省西南部およびチベット高原をたずねて

一九八八年八月中旬から九月末にかけて、横浜市立大学木原生物学研究所の田中正武博士と私は、中国四川省西南部とチベット高原に分布するコムギ連植物のカモジグサ属（*Agropyron*）、エゾムギ属（*Elymus*）、アズマガヤ属（*Asperella*）などのコムギ近縁植物と、栽培コムギとオオムギの調査を、四川農業大学の顔済《イエンチ》教授夫妻ならびにスウェーデン農業大学のボスマー教授（R. von Bothmer）らとともに共同でおこなう機会があった。

四川盆地の見渡すかぎりの水田地帯はちょうど稲刈りたけなわで、鎌を用いてイネを刈り、それをただちに「拌桶《ばんとん》」と呼ぶ四角の木箱の内側に稲束をたたきつけて脱穀がさかんにおこなわれていた。四川農業大学は成都《チェンド》から約一五〇キロ西の雅安《ヤアン》にあり、まわりを山に囲まれた景観は日本の山村に似ているが、やや亜熱帯的で、バナナが栽培され、町の青空市場にはヨウサイが山と積まれていた。

涼山・彝族の村をたずねる

八月二三日、雅安より道を南にとり、標高一一〇〇メートルの峠を越える。付近は一面のトウモロコシ畑で、ササゲやハヤトウリとともにビワ、クルミの木が農家の庭先に見られた。

泥辺《ニビアン》山塊を越えるが、ここは北方系と南方系の植物が混在する場所で、植物が豊富であり、岩を噛む清流が渓谷美を引き立たせている。タラ、フジウツギ、ヌルデ、キンミズヒキ、コアカソ、白花のキブネギク、シャガ、モジズリ、ススキ、クマノミズキ、ハナイカダ、オミナエシ、ガクアジサイの仲間など、われわれに馴染み深い植物が目を楽しませてくれる。

またカモジグサやエゾムギの仲間が群生し、さかんに採集をおこなった。漢源《ハンユアン》に下る山腹にサンショを一面に栽培している村があり、日本にも輸出しているという。この付近でわずかであるがライムギの畑があり、採集した。

漢源の古い土塀の続く町並みを歩いていると、彝《イ》族の民族衣装をつけた若い男女に出会った。ここから川沿いに下るが、シナアブラギリ（油桐）の栽培が多い。

山間部の標高二〇〇〇メートルの彝族の村に入る。ここには見渡すかぎり紫色の穂をつけたイネを栽培していた。西昌《シチアン》より東の山間部へ入り、ウンナンマツの純林のなかを行く。林を抜けて二八〇〇メートルの拓けた土地に出る。エンバク（莜麦《ユーマイ》）、ダッタンソバ、ジャガイモ畑が交錯し、石のゴロゴロした斜面にヤギが放牧されている。サクラソウ属の一種、イシモチソウ、アズマギク、ウスユキソウ属の一種、ランの一種（*Satyrium nepalensis*）など一面の花盛りで、ヤマカモジグサやカモジグサ属植物も生えている。さらに上ると、矮小なシャクナゲやマツ（*Pinus densata*）が尾根筋に見られた。

帰途、松林の拓けた場所には、白い果実をつけるオランダイチゴ属の一種、珍しい緑の花を着けたラン（*Habenaria pectinata*）、ハナヤスリ、ノウゼンカズラ科の美しい花の *Incarvillea arguta*、ヒメハギの仲間などが一面に咲いていた。その傍をヤギの群れをつれた人びとが行き交う。

眠江を遡る

八月三〇日、車で長江の支流、眠江《ミンジャン》を遡行し、青海省《チンハイ》を経てチベットの首都、拉薩《ラサ》への旅に上った。灌県《グアンヤン》を過ぎると川は峡谷となり、特殊な地形から乾燥した石灰岩地帯となり、ちょうど一面にツルボが美しく咲いていた。

理県《リシャン》付近は羌《キャン》族の居住域で、山の斜面を拓いた見事な畑を見上げると、ソバが満開で赤い絨毯をし

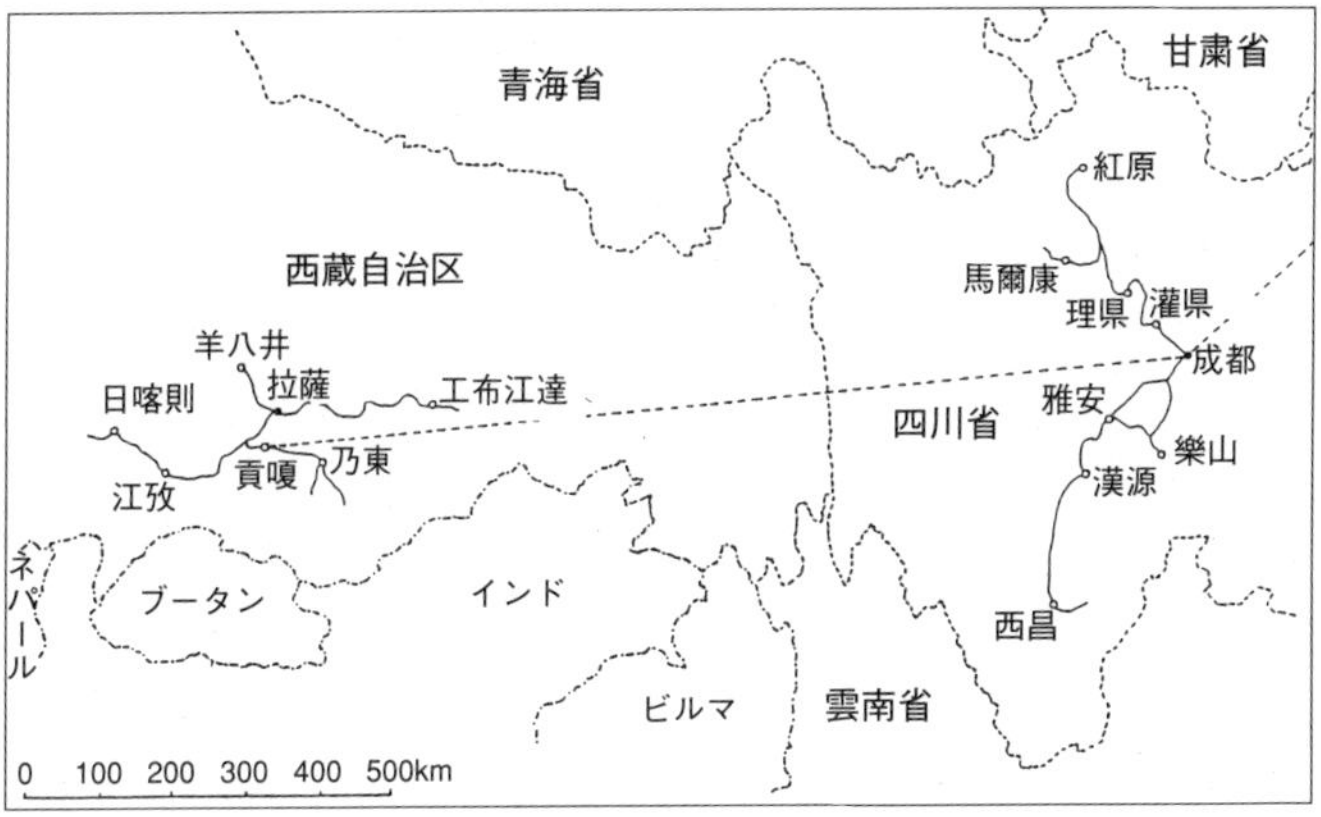

図12　四川省西部およびチベット高原調査ルート

点線は空路を示す。

（阪本、1989b）

いたようだ。女の人は服の端に赤いフレアをつけ、頭には白い頭巾を載せている。

理県からさらに渓谷をつめると、チベット人地帯に入り、石造りの美しい飾り窓のついた農家が現れた。コムギ、オオムギとともにソバをつくっており、道端ではリンゴを籠に入れて売っていた。ここから美しい落葉樹林の渓谷が続き、白い花弁に色のついたキブネギクや黄色のセンニンソウ属植物が目を惹く。

三九六〇メートルの大きな峠を越えたが、トウヒやツガの林縁にヤナギラン、シャクナゲとナナカマドの仲間が見られた。峠を下った三四〇〇メートルの緩やかな傾斜の谷間には、*Elymus nutans* や *Agropyron nutans* が一面に群生し、あたかも日本の路傍にカモジグサが生えているような感じである。このような高所にコムギ近縁植物が群生していることは、ちょっと想像もできなかったことである。また青い花のネギ属、ヒエンソウ、青や黄色の花のリンドウ属が、緑の草地に星をちりばめたように鮮やかな彩りをそえていた。

そこからさらに北へ、眠江の源流域をたどり、峠を越えると、一面の草地となり、もう耕地はなく、あちこちにヤクの放牧が見られた。チベット牧民の黒いテントが点在し、ヤクの搾乳をやっている。ここはもう黄河の源流域なのである。

同行のひとりが急性肺炎にかかり、馬爾康《マエルカン》の病院に急遽入院するというアクシデントと、今年の夏に異例の降雨があり、道のがけ崩れがひどく、悪路のため車がトラブルを起こし、やむなく陸路で拉薩まで旅することを断念し、紅原《ホンウァン》から成都に戻り、空路、チベットをめざすことになった。

拉薩へ

九月七日、成都発の中国西南航空に乗り、ヒマラヤの峰を眺めつつ二時間で貢嘎《ゴンガ》にある拉薩空港に着く。ここは晴れ上がって冷たい空気に充ちて心地よい。すぐそばでオオムギを路上で脱穀していた。よく見ると六条裸種で穂が黒い。古老に聞くと「青稞《ちんこ》」と答えた。

バスで二時間かかって拉薩に着くが、途中、曲水《クスイ》でヤル・ツアンポ川に架かる立派な橋を渡る。はるか東にポタラ宮殿の偉容が見えてきた。三〇年前チベットに憧れて読んだいろいろな本に書かれた

道路で通過するトラックの車輪で青稞オオムギを脱穀する農家の人びと

この宮殿の記憶が甦ってきた。

町角には三種類のメロン、スイカ、リンゴ、ブドウ、ハクサイ、トマト、ネギ、ショウガ、ジャガイモ、ニガウリなどを売っている。ここは標高三五四〇メートルのため、宿屋の階段を昇るとフラフラする。

町の東にある金色に燦然と輝く大昭寺《ダザオシ》をたずねた。寺を取り巻いてバザールがあり、広場では女たちが歌と踊りで浄財を集めていた。仏前では多くのラマ教信者が五体を投げ出して熱心にお祈りをしており、寺内にはヤクのバターの灯明が灯り、マニ車を廻して善男善女が極彩色の華やかな仏像に手を合わせていた。

ヤル・ツアンポ川に沿って

拉薩のまわりの山に雪が降り、白い雲が山肌に棚

青稞オオムギの刈り取り風景

引いている。農家の人たちはムギ類の収穫に忙しい。六条裸種のオオムギ畑を見ると、雑草の野生エンバクがたくさん混在している。ツアンポ川は滔々と濁った水に充ち、皮袋のボートを浮かべて流れている。まわりは風蝕された山が多く、麓に砂丘が形成されている。

刈り取って束ねたパンコムギを調べてみると（口絵）、芒のあるもの、ないもの、密穂のもの、頂端が密穂のものなど多種類のタイプのものが混作されていることがわかる。

乃東《ナイドン》からツアンポ川を離れ、南方に道をとる。オオムギ、パンコムギ、ソラマメ、ジャガイモの畑やエンドウとナタネの混植畑の展開する美しい谷間の村があり、そのはるか彼方に雪のヒマラヤを望む。四八〇〇メートルの峠に着く。石を積んだチョルテンにタルチョがはためく。ここにはもう耕地はなく、一面の岩場にクッションのようになった植物が生え、ヤクが放牧されていた。

乃東から琼結《リアンジェ》への道にも入ったが、この谷にも見事なオオムギ畑やコムギ畑が見られ、半脱落性のコムギや二条オオムギをはじめ、種々のタイプの穂を収集できた。

日喀則への道

曲水でツアンポ川を渡り、少し西に向かい大きな山の斜面に沿って江孜《ジャンジ》への道を登る。ここにはソバ畑が多い。四七〇〇メートルの峠に着くと雪がちらつき、冷たい風が吹き上げる。眼下にヤムドロク・ヤムツオ湖の静かな水面が広がる。湖畔の小さな村のオオムギ畑はまだ青々としている。*El. nutans* が群生する。青く澄んだ湖畔は乾燥していてヨモギやアカザの仲間が多く、ヤギやヒツジの放牧がさかんである。

波卡子《ボカジ》から湖と離れ、ガラガラの山肌と砂塵濛々とした谷をつめる。五〇〇〇メートルのカロ峠に荒々しい懸垂氷河が物凄い迫力で落ちている。ボロボロに風化した暗い谷間を過ぎて江孜に着く。粘土質のムギ畑の用水路に沿って *El. secalinus* と *El. nutns* が群生していた。

江孜から日喀則《リガゼ》への道は、四〇〇〇メートルの台地に見事な春播コムギ畑が展開し、豊かな穀倉地帯である。農家の門にヤクの角が飾ってある。日喀則の札什倫布寺《ザシェンルブシ》をたずねるが、岩山を後背にした金ピカの美しい寺である。ここでひとり旅の若い日本人の女性に会う。ここから西は乾燥が強くなり、植生も貧弱となった。二頭立てのヤクに曳かせた鋤を用い乾ききった畑を耕す風景が見られた。

尼洋曲の美しい谷へ

九月一九日、拉薩を発ち、ラサ川に沿って東の道を行く。水は淡緑色で、その向こうに裸の山と澄んだ青空に白い雲が浮かんでいる。真っ青な中洲には点々とヤクとウシの放牧が見られる。オオムギ畑で珍しい三叉芒の穂が見つかった。水溜まりにバイカモの白い花がきれいだ。

ラサ川の支流に沿って広い谷を行くが、植生が豊かで、黄ばんだシラカバ林が見られ、矮性のリンドウの青い花が草叢に星をちりばめたようだ。初雪の降った五〇〇〇メートルの峠で走り回って雪合戦を楽しんだ。峠付近には矮性のシャクナゲとビャクシンが群生していた。

尼洋曲《ニヤンク》の源流を下ると、カシ属、バラ属、ナナカマド属などの多彩な植物が谷を埋めており（口絵）、あちこちにムギ畑が散在する。*El. dahuricus* や *Ag. stricta* が路傍や畑周辺に群生し、両種の自然雑種も発見できた。

工布江達《ゴンブジャンダ》で一泊し、さらに谷を下る。道端や農家のまわりにモモの大きな株があちこちに見られ、小さな果実をつけていた。聞いてみると、これは野生のものであるが、果実を利用するので保護しているのだという。まさに半栽培型のモモに出会うことができたのだ。山の斜面には葉の厚いカシの一種が生え、河床には赤い大きな刺を着けたバラ、*Rosa omeiensis* が群生し、果実をつけていた。付近には赤い花のシオガマ、青い花のセンブリの仲間、白い花のトリカブト（*Aconitum spicatum*）、紫褐色の大きな花を着けたアキギリ属植物、大きな青い花のリンドウ属の仲間、真っ赤な実を着けたユリ科のアマドコロ、ズイナの仲間、小さな青い花のワスレナグサが生え、メギ科の *Sinopodophyllum emodi* が真っ赤な果実をぶら下げていた。

帰りの峠道には濃いガスが垂れ込め、刈草を一杯背負ったヤクの群れを連れた人びとが、幻のようにガスの彼方へ消えていった。拉薩に帰りつくと、宿舎のまわりのニレやポプラはすっかり黄葉となり、チベット高原の秋はいよいよ深まりつつあった。東の山に仲秋の白い名月が上がってきた。旅の終わりにふさわしい高原の夕暮れのひとときであった。

終章

フィールドワークから得たもの

本書に、雑穀とムギをたずねた私のユーラシア大陸におけるフィールドワーク紀行を述べたが、それらは主として現地における調査と仕事の材料の収集活動が中心になっている。

私の場合、紀行といっても読者のみなさんに読んで楽しんでいただくような旅行記ではなく、また一般の人びとが、たとえば観光を目的に旅をするような場所を案内できるような内容にはなっていない。あまり観光客が訪れない、いわゆる田舎をドサまわりするような旅ばかりである。そこで、私のフィールドワークから得られたいくつかの研究成果を手短かに紹介して本書の締めくくりとすることにより、最初に述べた、「なぜフィールドワークなのか」を理解していただければ幸甚である。

アワの地理的変異と地方品種群の分化と分布

ユーラシア大陸全域から収集されたさまざまな雑穀のうちで、アワはとくに多様性に富む穀類であることが推測でき、それを何とか分析したいと考えていた。とくに、アワがどこで栽培化され、どのように伝播し、その過程で遺伝的多様性を生じながら、どんな品種群に分化したか、その系譜を追跡できればおもしろいと思った。

この雑穀は農耕の初期の段階から栽培され、ユーラシア全域で人びとに主食素材を提供してきた作物と考えられる。しかし近年になって、イネ、コムギ、トウモロコシなどのいわゆる主要穀類にその役割が取ってかわられ、他の多くの雑穀と同じく残存作物としての運命をたどった。したがって近代的育種の対象とならず、また組織的な導入がおこなわれることはなかった。

そこで、ある場所で栽培されているアワを収集すれば、それは一般的にそこで長い間栽培されてきた在来品種とみなしてもよいと思われた。その点で、栽培植物の系統分化やそれに関連した仕事には好個の材料といえよう。

この場合、系統関係を調べたいときは比較の対象とするアワの特徴として、外観から判断できる形態的形質、たとえば草丈、穂の形や大きさや色、生理的形質、たとえば出穂期、または栽培に直接結びついた形質、たとえば収量、その地域の文化的背景と結びついた、たとえば内胚乳でんぷんのウル

チ - モチ性などは、その地域の自然環境や文化環境の影響を受けやすく、自然選択や人為選択の対象となる可能性が高い。

そこで、アワ栽培の実際面において直接選択の対象とならない形質として、アワの穎果のフェノール着色反応、発芽種子のエステラーゼ・アイソザイム、ならびに系統間雑種の花粉不稔性を調べることがおこなわれた。

われわれが収集したアワ約五〇〇系統を用いて、完全に熟した穎果を三パーセントのフェノール液に浸したのち、ゆるやかに乾かすと、穎が黒褐色に染まる系統とまったく染まらない系統に区別できた。このようにフェノール反応で染まった系統は比較的限られた地域から収集されたものに見出されたが、染まらないものはユーラシア大陸の広い地域に分布していた。とくに前者は台湾、フィリピン、インドなどで頻度が高く、低緯度地域のアワに特徴的であった（Kawase & Sakamoto, 1982）。

つぎに、アワの発芽種子におけるエステラーゼ・アイソザイムの変異を右記のフェノール反応を調べたものと同じ材料を用いて調査したところ、五つの主要なバンドの組み合わせで、五種の表現型のものが認められた。その地理的分布にも地域特異性をみとめることができた（Kawase & Sakamoto, 1984）。

さらに、ユーラシア全域から収集されたアワのうち、代表的な八三系統を用いて、日本産（A）、台湾産（B）およびヨーロッパ産（C）の各一系統を選び、それらをテスターとして八三系統のアワ

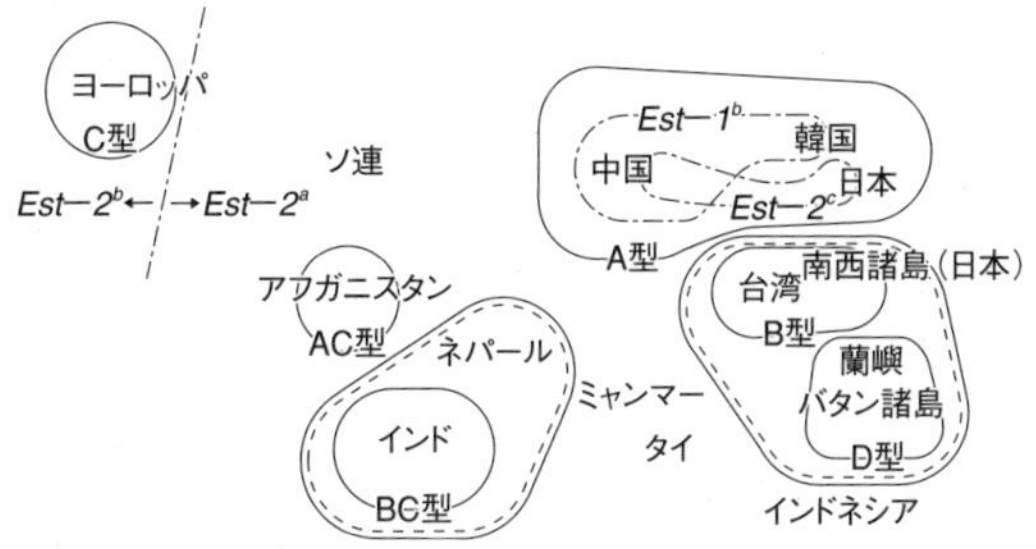

図13　アワの遺伝的変異と地方品種群の分化の模式図

フェノール着色性系統が比較的高い頻度でみられる地域

エステラーゼ・アイソザイム遺伝子の分布

系統間雑種花粉不稔性によって分類された地方品種群

（河瀬、1986）

と交雑をおこない、雑種第一代植物の花粉の稔性を調べることによって、系統間の遺伝的分化の様相を検討してみた。

あるテスター一系統との間の雑種の花粉稔性が正常（七五パーセント以上）で、他の二系統のテスターとの雑種のそれが部分不稔性（七四パーセント以下）を示すとき、その系統はテスターと同じ型に属すると仮定すると、用いた系統は少なくとも、A、B、C、AC、BCおよびX（A、B、Cいずれのテスターとの組み合わせの雑種でも部分不稔性を示したもの）の六つの型に分類できた。これらの六型はそれぞれ遺伝的に分化した地方品種群と考えられた(Kawase & Sakamoto, 1987)。

以上述べたフェノール反応着色性、エステラーゼ・アイソザイムの変異および系統間雑種の花粉不稔性の型から明らかになった地方品種群の地理的分布を示すと、図13のようになった（河瀬、一九八六）。

このようにして、アワの遺伝的変異の地理的分布と地方品種群の分化の様相を模式的に示すことができた。つまり各地域には遺伝的に分化した独特の地方品種群の存在が明らかになった。とくにアフガニスタンとインドには遺伝的に未分化と思われる地方品種群（AC型とBC型）が分布していることから、アワの地理的起源地域に関する新しい仮説を提出することができた。すなわち、アワは従来考えられてきた中国北部起源の雑穀ではなくて、アフガニスタンからインドにかけての地域で栽培化され、そこから遺伝的に分化しつつユーラシア大陸を東西に伝播し、各地域における長い栽培の歴史の過程で各地に独自の地方品種群が成立していったと推定された。

ユーラシア大陸におけるアワとキビの多様な調理法

われわれが生きてゆくうえに必須のエネルギー源は、穀類やイモ類に含まれるでんぷんから供給されている。このうち穀類を利用する方法は、食料と飲料にする場合に大別できる。食料として利用する場合には多岐にわたる調理法が存在する。

それらを分類すると、①穀粒をそのまま利用する「粒食」と、②穀粒を臼または適当な道具を用いて碾き割って利用する「碾き割り食」および③臼や石皿や製粉機を用いて粉にして利用する「粉食」に分けることができる。

表7　ユーラシア大陸におけるアワとキビの調理法

地域＼加工	粒食			碾き割り	粉食		飲料	
	炊飯	粒粥	餅	碾き割り粥	粉粥	パン	非アルコール	アルコール
日本　ウルチ	●	●						
日本　モチ	●		●					●
韓国　ウルチ	●							
韓国　モチ	●		●					●
中国　ウルチ	●	●				●		●
中国　モチ			●			●		●
台湾　ウルチ	●							
台湾　モチ	●		●					●
バタン諸島				●				
ハルマヘラ島				●				
インド	●			●	●	●		
アフガニスタン				●		●		
コーカサス				●			●	
トルコ				●				
ブルガリア				●		●	●	
ルーマニア				●			●	
イタリア				●				
フランス				●				

（阪本、1988）

雑穀をたずね歩いたいろいろな地域におけるアワとキビの利用法について詳細なことを記録した文献を探し出すことは、たいへんむずかしい。それで、私が農家の人から直接聞き込みした場合と、二、三の地域は文献で調べたものをまとめると、表7のようになった。これら二種の雑穀の場合には、粒食、碾き割り食、粉食および飲料として用いるさまざまなものを見出すことができた。その加工形態からみると、炊飯、粒粥、餅、碾き割り粥、粉粥、パン、非アルコール飲料およびアルコール飲料（酒）の八種類を記録することができた。

この表をおおまかに眺めると、たいへん興味深いことに、アジア東部においては、食料の場合は、粒食が主で、炊飯、粒粥、餅をつくり、アルコール飲料をつくることがわかる。これにたいして、東南アジア、インド以西からヨーロッパまでは碾き割り粥や粉食（粉粥とパン）がみられ、また非アルコール飲料をつくる場合があることが指摘できる。この表はユーラシア全域にわたって、アワとキビの多様な伝統的利用法がいまなお存在していることを物語っており、各地域にそれらの栽培の長い歴史のあったことがここに反映されているとみなしうる（阪本、一九八八）。

ただ注意すべきことがある。前にも述べたように、たとえばルーマニアにはママリガと呼ばれる碾き割り粥があるが、古老の話やトランシルバニア地方の文献によると、それはキビからつくられるものである。同じものはイタリアにポレンタという碾き割り粥がある。しかし現在ではその素材が近世になって導入されたトウモロコシによって完全に入れ替わってしまい、呼称だけはそのまま使われているわけである。このことはこの種の調査には細心の注意が必要であることを強く示唆している。

雑穀からはじめたモチ文化の研究

前項で述べたように、アワはユーラシア全域で栽培され、おもしろい特徴を豊富にもった雑穀である。とくにアワには種子の内胚乳に貯蔵されたでんぷんにウルチ性とモチ性の品種があることが知られている。

収集したアワ約四〇〇系統についてこの形質を調べてみると、モチ性品種の地理的分布に顕著な偏りが見出された。これが動機となって、アワ以外にウルチ性とモチ性が知られているイネ、キビ、モロコシ、ハトムギ、オオムギおよびトウモロコシについても自分たちの集めた材料を調べ、またいろいろな文献を参考にしてデータを集めた。

両型のでんぷんは七種のイネ科穀類に見られるが、アワ、キビ、モロコシ、ハトムギは雑穀の仲間である。その結果、図14に示すように、七種の穀類のモチ性品種はすべてアジア東部（東アジア・東南アジア）にのみ分布し栽培されていることがわかった。不思議なことに、モチ性の穀類は、インド以西のユーラシア大陸、アフリカ大陸、南北両アメリカ大陸にはまったく見出されず、それらの地域に栽培されるイネ科穀類はすべてウルチ性の品種なのである。

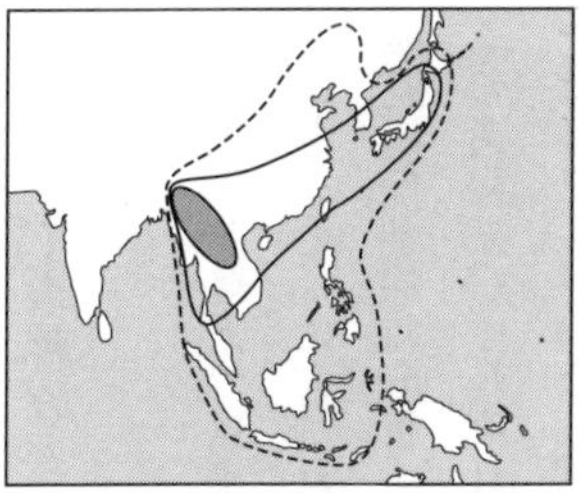

図14　「モチ文化起源センター」とモチ文化の分布

モチ文化起源センター
モチ文化が顕著にみられた地域
モチ性穀類の分布圏
（阪本、1989a）

そして、東南アジア大陸部のアッサム、ミャンマー北部、タイ北部・東北部、ベトナム北部、中国西南部を含む地域には、多種類のモチ性穀類が栽培され、そこにはさまざまなモチ文化（モチ性穀類を利用する食文化）が見出せるので、そこに「モチ文化起源センター」が存在することが明らかとなった。また、このようにきわめて多くのモチ性品種を自分の目でくわしく調べた経験がもとになって、双子葉植物のヒユ科に属するセンニンコクにもモチ性のあることを発見することができた（阪本、一九八九ａ）。

イネ科コムギ連植物の地理的分布と系統分化の様相について

私は大学を終えて以来、イネ科コムギ連植物の系統分化の様相をどのように把握したらよいかに興味を抱き、そこに含まれる一七属の植物群の間の属間ならびに種間雑種を人為的に作出して、それらを細胞遺伝学的に分析することにより、それらの遺伝的相互関係を明らかにする仕事を進めてきた。その過程で、それぞれの属の地理的分布、穂の形態分化の度合、繁殖様式、その属が一年生植物かまたは多年生植物か、染色体数と倍数性の度合、自然雑種形成による属間における共通ゲノムの分布、などの特徴をもとに全体をグループ分けすることを試みてきた。

しかし、長い間なかなかすっきりとした形にこれを表現することができなかった。本書に述べたフィールドワークの現場で、コムギ連植物の多くの種の生育場所を毎日のようにくわしく観察しその生育環境に想いをめぐらしていると、それがひとつの啓示となって、不思議なことに忽然と表8に示すようなグループ分けの分類表が結晶化した。

この表を見ると、それぞれの属の地理的分布より、コムギ連植物は、七属を含む「寒・温帯地域群」と一〇属を含む「地中海地域群」に大別できることがわかった。そして、この連の系統分化の第一歩は、おそらく第三紀後期の中新世—鮮新世において、二倍体のレベルで、西アジアで起こったことが

表8　イネ科コムギ連に属する17属の分類

地理的分布	生活形			1穂軸節につく小穂数
	多年生	多年生 + 一年生	一年生	
地中海〜中央アジア（地中海地域群）	*Festucopsis*	*Haynaldia*	*Aegilops*	1
		Secale	*Eremopyrum*	
			Henrardia	
			Heteranthelium	
			Triticum	
			Crithopsis	2以上
			Taeniatherum	
世界の寒温帯地域（寒・温帯地域群）	*Agropyron*			1
	Asperella			
	Elymus			
	Hordelymus[a]	*Hordeum*		2以上
	Psathyrostachy			
	Sitanion[b]			

a ヨーロッパ〜西アジアに分布する属
b 北アメリカに分布する属
（Sakamoto, 1991）

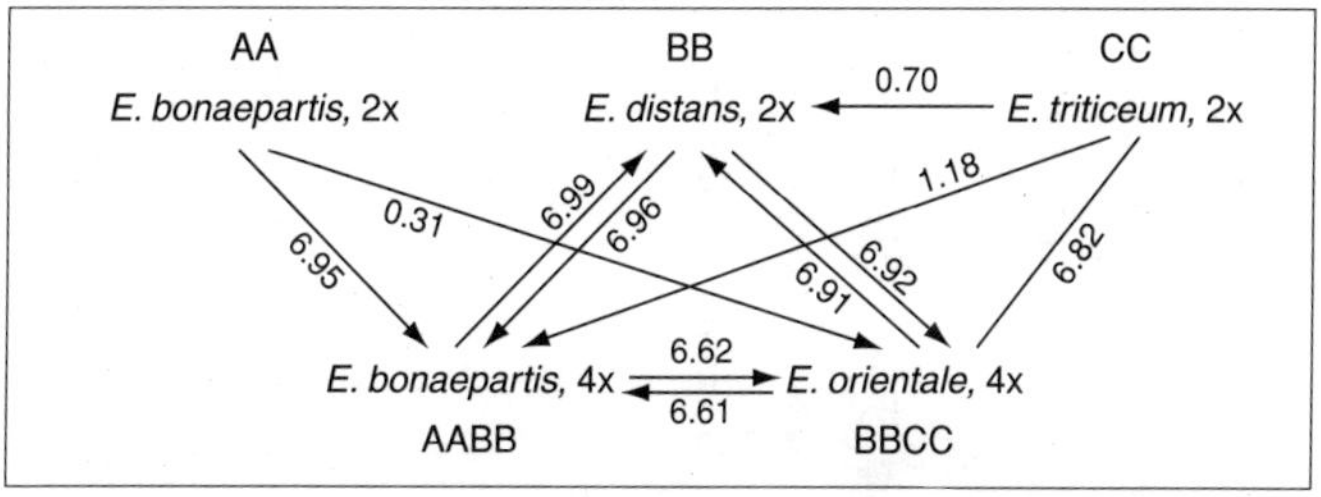

図15　コムギ連 *Eremopyrum* 属4種の細胞遺伝学的相互関係
数字は種間雑種における平均の二価染色体対合数、→は交雑の方向（♂から♀）を示す。
（Sakamoto, 1991）

推定できた。

寒・温帯地域群は主として多年生植物で、世界の寒・温帯に広く分布を広げて、その地域に複雑な倍数性植物を包含する固有の種形成を促した。それにたいして、地中海地域群は、おもに一年生植物で、かなりおのおの特殊化した属に分化して、地中海—中東地域を中心に分布していることがわかった（Sakamoto, 1991）。

コムギ連 *Eremopyrum* 属植物の種分化の分析

Eremopyrum 属は一年生植物で、二倍体三種（*Er. bonaepartis* (2x), *Er. distans*, *Er.triticeum*）と四倍体二種（*Er. bonaepartis* (4x), *Er. orientale*）からなる地中海地域群に属する小さなグループである。

イラクおよびイランで収集した材料を中心に多くの種間雑種を人為的に作出し、その雑種の減数分裂第一中期の染色体対合を詳細に観察した。その結果、図15に示すように、二倍体の三種は遺伝的に明瞭に分化したゲノムをもつ種であること、四倍体の *Er. bonaepartis* (4x) は、二倍体の *Er. bonaepartis* (2x) と *Er.distans* の間の雑種起源の複二倍体植物で、他方、*Er. orientale* は *Er. distans* と *Er. triticeum* の複二倍体であることが明らかとなった。また、これら五種の分化はすべての種が分布するイラン西部を中心とする乾燥ステップ帯であることが推定できた（Sakamoto, 1979）。

フィールドワークのおもしろさ

私がいままでやってきた仕事を振り返ってみると、そのほとんどが「初めにまずフィールドワークありき」を出発点としていることで特徴づけられるように思われる。しかし、フィールドワークのおもしろさは、たんにそのようなアカデミックなことだけとは限らない。私にとって、つぎのようなこともまた、フィールドワークをやめられない理由となっている。

一、本書の冒頭に述べたように、私にとって憧れの未知の地を旅したいという生来の欲求が満たされることである。

二、毎日何が出てくるか予知できないので、非日常的な事象に遭遇することが多い。そのとき自分がそれにどのように対応できるのか、決まったガイドブックにあたるものは何もなく、創意工夫の連続であり、自分で臨機応変に対処する（編み出す）しかない。自分がどんな範囲のことをやれる男か確かめうる、またとない機会に恵まれることである。

三、フィールドワークをつうじて、さまざまな自然・植物・人びとに触れることができ、いろいろな生の事物を見聞でき、文献などではけっして得られないような情報を得ることができることが多いのである。

四、さらに、私にとって喜びのひとつは、たとえば農家を訪ねたとき、その農家の自家製またはその土地独自の珍しい食べ物や飲み物を賞味できるチャンスが与えられることである。

五、私のようにどこか一ヶ所に留まらないで、たえず移動して仕事をする旅人にとって、「種子と写真はとれるときにとれ」という原則を学んだことである。もっとよい種子やもっと素晴らしい被写体に出会うだろうと期待して止めておくと、そのあと大抵の場合、好都合なよりよいチャンスに巡り合うことができず、臍を噛む思いをしたことがしばしばであった。

六、フィールドワークの旅を続けているとき、私にとってもっとも快適なことを述べてみたい。①自分の都合だけで毎日のすべてを決めることができ、他のことは何も考えずに、一日中自分の好きなことに熱中できること、②講義をすることや会議に出席することの義務もなくて自由なこと、③電話や来客などの雑事から解放されること、④仕事を理由に、家のことは、いっさいウチのカミさんに押し付けて逃避できることなどである。つまり、大げさにいえば、フィールドワークの旅はこの世に実在する天国での生活であるということができよう。

人はなぜ旅をするのか

「人はなぜ旅をするのだろうか」。旅に出る人はおびただしい数に上るが、こんな疑問をもった人は何人ぐらいあるだろうか。多くの旅の本や雑誌が出版されているが、この疑問に対する答えは、ほとんど書かれていない。

人によって答えがいろいろ考えられるが、私の答えはこうだ。「それは終わりがあるからだ」。もし人がいま、まさに旅に出ようとしているとき、自分の家の敷居をまたいで一旦外に出たら、二度とそこには帰ってくることがない、それでもお前は旅に出るのかと問い詰めれば、ほとんどの人は尻込みして諦めるのではないだろうか。

旅に終わりがあるからだ――この結論はどうして得られたのか。

私は一九七〇年の夏イラク、トルコ、イランを旅し、その道すがら幾群れかのジプシーの人たちに出会った。この人たちは家族、家財道具、家畜など一切合財を持って毎日旅をしている。いや一生留まることなく(一定時間ある場所に宿泊することがあっても、そこはキャンプ地である)、われわれのように一定の居住地と家を持っていない。ジプシーの人たちは、私と前後して同じ道を移動していた。

しかし、どこかがちがうのだ。そうだ、私にはとにかく旅の終わりがあり、それが終われば自分の家に戻りつくのである。事故の起こらないかぎり、ある期間が経てばまた自分の家に戻ってくるのだ。しかし、ジプシーには戻る家がないのではないか。

その後、スペイン北部、ルーマニアの山村、ギリシャの田舎で移動しているジプシーの人たちに出会った。彼らはどこでも、いつでも、一生、大洋をさまようような船の旅を続けているのではないだろうか（むろん、現在では完全にそうではないかもしれないが）。

日本の旅人の代表といえば、桃青・松尾芭蕉であろう。『奥の細道』の冒頭で、「月日は百代の過客にして、行き交う年も旅人なり。舟の上に生涯を浮かべ、馬の口執って老を迎ふる者は、日々旅をして旅を栖とす。古人も多く旅に死せるあり」と述べている。はたして芭蕉は終わりのない旅に出たのであろうか。彼は旅の途中で野垂れ死したであろうか。『花屋日記』や芥川龍之介の『枯野抄』に描かれていることが、たとえフィクションであったとしても、芭蕉は多くの弟子に看取られながら、畳の上に敷いたふかふかした布団の上で、「旅に病んで夢は枯野をかけめぐる」という辞世の句を格好よく遺してこの世を去ったのである。

これは、いったい、どういうことなのだろうか。『奥の細道』の冒頭で記した芭蕉の決意とはちがっているではないか。所詮、芭蕉の旅も格好をつけて出ていったが、結局、われわれ凡人と同じく旅にも終わりがあったのではないだろうか。「なぜ人は旅をするのか　それは終わりがあるからだ」という私の結論を、日本の代表的な旅人がいみじくも証明しているのではないだろうか。

あとがき

私の旅した場所は、観光地とはおよそ無縁の、とても長閑な農村地帯の畑や農家、あるいは高原や山麓地帯の林や草地や路傍や荒地などであります。また調査・収集した植物は、色鮮やかな花で装いをこらした、誰もが「美しい」と感ずるような植物ではなく、おもに風媒花のイネ科植物であるため、まったく目立たない、ただただ風にそよぐ植物ばかりでありました。私は子どものころから美しいものには溺れる性質で、もし美しい花の咲く植物を仕事の相手にしておれば、恐らくそれらに魅了されてしまって仕事にならなかったのではないかと思っています。しかし、イネ科植物と深く付き合い、愛してみますと、それらの花にもとても素朴な美しさがあることを見出すことができ、幸せな想いをしました。

本書をまとめるきっかけとなりましたのは、民族自然誌研究会の会誌、『エコソフィア』に「雑穀をたずねて」という六回にわたる連載を書かせていただいたことです。本書が出版できましたのは、昭和堂の特別のご理解とご配慮によるものです。とくに編集部の松井久見子さんには細かい点にわたりお世話になりました。また、幾多の旅のなかで、とても多くの人びととのお蔭をいただきました。そのなかでも、歩き訪ねました農家の方々からは、数多くのことを教えていただき、私にとりましてもっとも大切な先生たちでありました。ここに記して皆様に厚くお礼申し上げます。

阪本寧男

二〇〇五年三月

参考文献

福井勝義　一九七一「エチオピアの栽培植物の呼称とその史的考察――雑穀類をめぐって」『季刊人類学』二：三―八三。

福井勝義　一九七四『焼畑のむら』朝日新聞社。

河瀬真琴　一九八六「ユーラシアにおけるアワの遺伝的変異と分化――その地理的起原をめぐって」『農耕の技術』九：一一一―一三五。

Kawase, M. and S. Sakamoto 1982 Geographical Distribution and Genetic Analysis of Phenol Color Reaction in Foxtail Millet, *Setaria italica* (L.) P. Beauv. *Theor. Appl. Genet.* 63: 117-119.

Kawase, M. and S. Sakamoto 1984 Variation, Geographical Distribution and Genetic Analysis of Esterase Isozymes in Foxtail Millet, *Setaria italica* (L.) P. Beauv. *Theor. Appl. Genet.* 67: 529-533.

Kawase, M. and S. Sakamoto 1987 Geographical Distribution of Landrace Groups Classified by Hybrid Pollen Sterility in Foxtail Millet, *Setaria italica* (L.) P. Beauv. *Jpn. J. Breed.* 37: 1-9.

小林央往　一九八八「ヒエ・アワ畑の雑草――擬態随伴雑草に探る雑穀栽培の原初形態」佐々木高明・松山利夫編『畑作文化の誕生――縄文農耕論へのアプローチ』日本放送出版協会：一六五―一八七頁。

Ochiai, Y., M. Kawase and S. Sakamoto 1994 Variation and Distribution of Foxtail Millet (*Setaria italica* P. Beauv.) in the Mountainous Areas of Northern Pakistan. *Breeding Science* 44: 413-418.

小原哲二郎　一九四九『雑穀の科学及びその利用』河出書房。

阪本寧男　一九六七「コーカサス地方植物採集の旅」『化学と生物』七：四一一―四一六。

阪本寧男　一九六九「アビシニア高原栽培植物採集の旅」『化学と生物』七：三四八―三五一、四三一―四三六、四九二―四九七、五三九―五四四、六一三―六一八。

Sakamoto, S. 1979 Genetic Relationships among Four Species of the Genus *Eremopyrum* in the Tribe Triticeae, Gramineae. *Mem. Coll. Agric., Kyoto Univ.* 114: 1-27.

阪本寧男　一九八三「日本とその周辺の雑穀」佐々木高明編『日本農耕文化の源流』日本放送出版協会：六一―一〇六頁。

阪本寧男　一九八八『雑穀のきた道――ユーラシア民族植物誌から』日本放送出版協会。

阪本寧男　一九八九ａ『モチの文化誌――日本人のハレの食生活』中央公論社。

阪本寧男　一九八九ｂ「四川省西部・チベット高原植物調査」『京都園芸』八四：三―九。

阪本寧男編　一九九一『インド亜大陸の雑穀農牧文化』学会出版センター。

Sakamoto, S. 1991 The Cytogenetic Evolution of Triticeae Grasses. In P. K. Gupta and T. Tsuchia (eds.) *Chromosome Engineering in Plants: Genetics, Breeding, Evolution Part A*: The Netherlands: Elsevier Science Publishers B. V.: 469-481.

阪本寧男　一九九六『ムギの民族植物誌――フィールド調査から』学会出版センター。

阪本寧男　二〇〇一ａ「雑穀をたずねて　一」『エコソフィア』七：四四―五一。

阪本寧男　二〇〇一ｂ「雑穀をたずねて　二」『エコソフィア』八：五六―六三。

阪本寧男　二〇〇三「雑穀をたずねて　五」『エコソフィア』一一：三八―四五。

Sakamoto S. and K. Fukui 1972 Collection and Preliminary Observation of Cultivated Cereals and Legumes in

Ethiopia. *Kyoto University African Studies* VII: 181-225.
佐々木高明　一九七二『日本の焼畑』古今書院。
澤村東平　一九五一『農学大系　作物部門　雑穀編』養賢堂。
橘礼吉　一九九五『白山麓の焼畑農耕』白水社。
竹井恵美子・小林央往・阪本寧男　一九八一「紀伊山地における雑穀栽培と利用ならびにアワの特性」『季刊人類学』一二（四）：一五六―一九七。

■著者紹介

阪本寧男（さかもと　さだお）

1930年　京都市に生まれる
1954年　京都大学農学部農林生物学科卒業
1962年　ミネソタ州立大学大学院修士課程修了、農学博士（京都大学）
京都大学名誉教授、民族植物学専攻

著書

『雑穀のきた道』日本放送出版協会、1988年
『モチの文化誌』中央公論社、1989年
『インド亜大陸の雑穀農牧文化』編著、学会出版センター、1991年
『ムギの民族植物誌』学会出版センター、1996年
『アオバナと青花紙』共著、サンライズ出版、1998年

雑穀博士ユーラシアを行く

2005年7月30日　初版第1刷発行

著　者　阪　本　寧　男
発行者　齊　藤　万　壽　子

〒606-8224　京都市左京区北白川京大農学部前
発行所　株式会社　昭　和　堂
振替口座　01060-5-9347
TEL(075)706-8818/FAX(075)706-8878
ホームページ　http://www.kyoto-gakujutsu.co.jp/showado/

印刷　亜細亜印刷

ISBN 4-8122-0423-2

ドレングソン
井上有一編
ディープ・エコロジー
―生き方から考える環境の思想
定価二九四〇円

日高敏隆編
生物多様性はなぜ大切か？
定価二四一五円

渡辺弘之著
東南アジア樹木紀行
定価二五二〇円

エコソフィア
編集委員会編
エコソフィア
定価一五七五円
年二回（五月・十一月刊行）

昭和堂刊
（定価には消費税5%が含まれています）

嘉田由紀子 著

水辺ぐらしの環境学
——琵琶湖と世界の湖から

定価二九四〇円

槌田劭
嘉田由紀子 編

水と暮らしの環境文化
——京都から世界へつなぐ

定価二二〇五円

井阪尚司
蒲生野考現倶楽部 著

たんけん・はっけん・ほっとけん
——子どもと歩いた琵琶湖・水の里のくらしと文化

定価一九九五円

内藤正明 文
高月紘 絵

まんがで学ぶエコロジー
——本当に「地球にやさしい社会」をつくるために

定価二一〇〇円

昭和堂刊

（定価には消費税5%が含まれています）

長嶋俊介編著
生活と環境の人間学
—生活・環境知を考える
定価二六二五円

宮崎猛編著
環境保全と交流の地域づくり
—中山間地域の自然資源管理システム
定価五九八五円

帯谷博明著
ダム建設をめぐる
環境運動と地域再生
—対立と協働のダイナミズム
定価三一五〇円

福井勝義企画
秋道智彌
田中耕司編集
講座 人間と環境 全12巻
定価二四一五～二六二五円

昭和堂刊
（定価には消費税5%が含まれています）